“十二五”国家科技支撑计划课题
城市居民时空行为分析关键技术与智慧出行服务应用示范(项目批准号:2012BAJ05B04)

国家自然科学基金面上项目
以时间地理学为核心的空间—行为互动理论构建及中国城市验证研究(项目批准号:41571144)

“十 三 五”国 家 重 点 图 书 出 版 规 划 项 目

城市时空行为规划前沿研究丛书｜柴彦威主编

城 市 社 区 生 活 圈 规 划 研 究

RESEARCH ON URBAN COMMUNITY LIFE SPHERE PLANNING

孙道胜　柴彦威　著

东南大学出版社
SOUTHEAST UNIVERSITY PRESS
南京・2020

内容提要

本书建构了基于时空间行为的城市社区生活圈概念体系，科学探索了城市社区生活圈的多种划分方法及其空间模式，并创新性地提出城市社区生活圈规划系统及其实施方案，同时利用全球定位系统（GPS）轨迹数据与活动日志调查的第一手数据，剖析社区生活圈与城市生活圈的规划实践案例，进一步指出城市社区生活圈规划的现状问题与未来方向，是国内首部关于城市社区生活圈研究的著作。

本书面向的读者为城市地理学、城乡规划学、城市社会学、城市交通行为学等领域的科研人员与工作者、高校师生，也可为对时空间行为与社区感兴趣的其他领域研究者提供参考。

图书在版编目(CIP)数据

城市社区生活圈规划研究 / 孙道胜，柴彦威著. —南京 ：东南大学出版社，2020. 12

（城市时空行为规划前沿研究丛书 / 柴彦威主编）

ISBN 978-7-5641-9354-6

Ⅰ. ①城… Ⅱ. ①孙… ②柴… Ⅲ. ①社区-城市规划-研究 Ⅳ. ①TU984. 12

中国版本图书馆 CIP 数据核字(2020)第 269169 号

Chengshi Shequ Shenghuoquan Guihua Yanjiu

书　　名：城市社区生活圈规划研究

著　　者：孙道胜　柴彦威

责任编辑：孙惠玉　　　邮箱：894456253@qq. com

出版发行：东南大学出版社　　　社址：南京市四牌楼 2 号(210096)

网　　址：http: //www. seupress. com

出 版 人：江建中

印　　刷：南京凯德印刷有限公司　　　排版：南京布克文化发展有限公司

开　　本：787 mm×1092 mm　1/16　　印张：11. 25　　字数：255 千

版 印 次：2020 年 12 月第 1 版　2020 年 12 月第 1 次印刷

书　　号：ISBN 978-7-5641-9354-6　　定价：59. 00 元

经　　销：全国各地新华书店　　　发行热线：025-83790519　83791830

总序

进入21世纪的第二个十年，人与空间互动的复杂性和多样性正在给我们的生活世界带来变革，全球化与本地化、流动性与地方性、韧性与风险性共存，并呈现出越来越明显的时空异质特征。在这样的背景下，城市空间与生活方式的动态调整成为常态，为生活质量、社会公平、可持续发展带来了全新的挑战。

面对这些新时期的新问题，时空间行为及其与城市空间互动关系的研究日益受到学界的认可，为理解城市化、城市空间与城市社会提供了一个更加人本化、社会化、微观化以及时空整合的新范式。产生于20世纪60年代的时空间行为研究为理解人类活动和地理环境的复杂时空间关系提供了独特的视角，并逐步形成了强调主观偏好和决策过程的行为论方法、强调客观制约和时空间结构的时间地理学，以及强调活动—移动系统的活动分析法等多个维度。经过50多年的发展，时空间行为研究的理论与方法逐步走向多元化的方向，通过与社会科学理论、地理信息系统方法、时空分析技术、时空大数据挖掘、人工智能等的有效结合，时空行为探究的理论与方法创新成为国际城市研究的亮点，并有效解答了一系列人与空间互动关系的问题。

而基于时空间行为的视角来创新中国城市研究的理论体系是当前中国城市发展转型所面临的迫切现实需求。纵观中国城市社会经济发展，我们已经进入了“以人为本”的新型城镇化发展阶段，重视社会建设、重视城市治理、重视人民福祉已经成为社会各界的共识。可以说，时代的发展需要一套正面研究人、基于人、面向人、为人服务的城市研究与规划体系。但长期以来城市研究与规划管理“见物不见人”的问题没有得到根本的解决，对居民的个性化需求缺乏深入分析与解读，难以应对城市快速扩张与空间重构所导致的城市问题。同时，中国城市快速城市化和市场化转型也为时空间行为研究理论创新和应用实践提供了宝贵的试验场。在多重力量的共同影响下，中国城市空间和人类活动更具动态性、复杂性、多样性的特点，为我们开展多主体、多尺度、动态过程、主客观相结合的时空间行为交互理论与实践研究提供了得天独厚的机遇。

在时空间行为理论与方法引进中国的近30年间，学者开展了大量的理论与实践探索，并在不同地域、不同城市、不同人群中开展了大量的实证研究与验证，取得了丰富的研究成果，为应对当前我国城市发展所面临的生态环境保护、社会和谐公平与生活质量提升等问题提供了重要指导。特别是以2003年召开的“人文地理学学术沙龙”为标志，中国城市研究开启了正面研究时空间行为的新时代，开拓了以时空间行为与规划为核心的中国城市研究新范式；中国时空行为研究网络已经成为中国城市研究队伍中蓬勃发展的一支新生力量，并在城市研究与规划管理中崭露头角。然而，我们目前依旧没有一套能够全面系统介绍中国时空间行为研究与规划的专著。

唯有重视过往，方能洞察现实，进而启示未来。站在中国城市时空间行为研究新的起点，我们需要全方位地审视国际国内时空间行为研究的发展历程与未来方向，系统地梳理与解说时空间行为研究的理论基础、实践探索与发展方向，大胆创新中国城市研究与规划体系，打造国内外首套城市时空行为规划前沿研究丛书，为中国城市时空行为研究网络发声——这也是我们出版这套丛书的初衷。

该丛书是国内第一套也是国际上第一次将时空间行为的理论、方法与规划应用集为一体的系列著作。本套丛书共包括 5 部著作：《时间地理学》与《行为地理学》是国内第一部时空间行为研究的入门书（也可以作为教材），系统解说时空间行为研究的基础理论；《城市时空行为调查方法》全面总结与详细说明各种时空间行为的调查方法；《城市时空行为规划研究》与《城市社区生活圈规划研究》是实证验证并实践应用时空间行为理论于城市规划与城市管理的前沿性探索。

“城市时空行为规划前沿研究丛书”将为对时空间行为研究感兴趣的研究者和学生提供理论、方法和实践经验。希望读者不仅能学习到时空间行为研究与规划的相关知识，而且能通过“时空间行为研究”这一新的视角以文会友，结识一批立志于城市研究与城市规划的学者。

柴彦威

2020 年写于北京

前言

城市社区是城市空间的缩影,同时也是自下而上透视城市空间的一面放大镜。社区也是新时期以人为本的规划实践的主战场之一,社区规划、社区治理、社区生活圈规划等议题既是近年来学界持续关注的热点,也成为规划研究与实践的重要关键词。如果说社区是城市空间的基础单元,那么,社区生活圈则是形成城市生活空间的基本模式与内在机理,是以人的视角重新理解城市的关键所在。社区生活圈不仅仅是一个物理的空间范围,它的背后包含了城市空间发展模式对社区物质空间的塑造,包含了经济与社会因素所形成的社区的规划与组织方式,也包含了个体人或者家庭在城市所造就的空间机会与制约下的日常行为的形态。

近年来,我国的城镇化工作先后多次提出"搞好城市微观空间治理""科学布局生产空间、生活空间、生态空间""推进以人为核心的城镇化"等要求。在对人居环境关注的宽度与深度发展之下,社区生活圈规划逐渐被提上日程。面向紧凑集约、健康宜居、设施充沛、活力多元的城市空间发展要求,以城市社区为抓手,综合城市交通建设、居住区建设、公共服务设施配置、环境整治等主题,我国北京、上海等城市提出了开展社区生活圈规划的实践工作,如上海市规划和国土资源管理局于 2016 年发布了"15 分钟社区生活圈"规划;北京市新一版城市总体规划提出了"优化生活性服务业品质,完善公共服务、教育、健康、养老、文化服务体系,打造一刻钟生活服务圈"的要求;2018 年底颁布的《城市居住区规划设计标准》中提出以各级生活圈作为居住空间组织的理念;广州、长沙、厦门等城市也各自编制了涵盖生活圈规划内容的城市总体规划、专项行动规划等。一时间,社区生活圈规划成为当前城市规划的热点领域。

与已有的居住区规划、社区发展等概念相比,社区生活圈规划目前仍然缺乏特有的理论基础与实践路径,还需要进一步进行理论构建和方法探索。生活圈规划在实践之前,应有大量的基础性研究,以佐证生活圈规划的理论意义、可行性,并充分探索生活圈规划实践的方法。但从目前的趋势上看,大有规划先行、基础研究滞后的趋势。

生活圈研究的视角也是多元的。例如,一种声音是社区生活圈规划脱胎于居住区规划,即以往注重物质层面的居住区规划已经不能满足建设需求,社区生活圈规划被视作居住区规划的新阶段;此外,还有部分学者从社会学的社会行动理论、社区规划师制度等理论出发,探讨社区生活圈规划的实践形式问题。但生活圈研究的深度还远远不够,一方面,需要多学科视角的融合,以尽力形成社区生活圈研究的全视角;另一方面,仍然存在众多有待回答的问题。

首先，社区生活圈是一种新的社区空间观，这种空间观应有利于我们发现城市社区空间的规律、透视城市社区空间的问题，例如社区生活配套不足与空间剥夺、归属感缺失与凝聚力下降等。因此，社区生活圈的研究应该关注作为生活场所的社区，以社区生活圈来折射转型期的结构性城市社区空间问题。这关乎在社区生活圈规划中，要建立怎样的价值取向和评价标准，进而关系到应建立怎样的措施方法体系。针对前述问题的优化提升也是社区生活圈规划的立足点。

其次，社区生活圈规划应建立通识性的标准，加快社区生活圈规划在当前规划话语体系中的落地。但目前的研究仍然存在着大量冲突，例如社区生活圈的空间划分究竟是基于地方的还是基于人的？是基于物理空间可达还是基于行为可达？另外，社区生活圈是基于社区建立的概念，单就社区本身的概念而言，我国不同时期、不同地区采用的社区空间标准亦不相同，存在一定的混乱现象。但城市规划中可操作的明确的空间单元是关系到规划行动和实施效果的关键，决不能模棱两可，而应依据规划目标、空间尺度、人口规模、地理背景等多种要素，构建适用于规划需求的生活圈尺度或生活圈空间体系。

最后，生活圈规划不能停留在理论层面，必须与规划应用相对接，以形成科学的规划内容、可操作的实施路径。生活圈究竟是作为导则性的规划指向、空间分析的基本单元，还是作为规划措施的承载体？这些问题都还没有确切的答案。另外，假如在未来，生活圈规划作为总体规划或控制性详细规划中的专题抑或作为专项规划而存在，在这种情况下，生活圈规划与用地规划、控制性详细规划、居住区规划、城市设计，甚至是目前正在推进开展的国土空间规划等之间是何种关系，也还需要在实践中寻求答案。

总而言之，社区生活圈的研究与规划目前还大有文章可做。而本书的初衷，在一定程度上就是对上述问题的直接回应，力图从基础研究的层面，探讨基于社区生活圈的社区空间实证分析、构建社区生活圈的空间体系以及社区生活圈的规划方法。

为此，本书首先是选取了“时空间行为”的研究视角。纯粹的空间形态学的社区研究是“见物不见人”的，然而社区的核心是居民，社区生活圈规划最根本的指向是对社区生活的塑造。因此，第一，需要从过去纯粹的空间与用地的数据转向微观的“人”的数据，以突破研究数据的框架；第二，应从“指标”式的规划转向对城市生活质量的关注，突破以往服务半径和千人指标的规划方式；第三，应从以空间为单一维度的规划，转向重视时空维度的结合。从而实现由物到人、由规模到结构、由静态到动态、由管理到治理的全面转型。

其次，本书采用了一种双向的研究路径。在人和空间的二元关系上，空间与行为的作用是相互塑造的双向机制。已有的研究多侧重于空间对人的单向作用机制，以空间选择决策研究为代表，以空间为地理背景，探究行为的响应，但较少关注行为向空间的外化作用机制。而对于行为到空间的塑造作用可以分为两种方式：首先，行为在空间层面表现为移动景观；其次，以行为需求为导向，以规划的方式实现从行为到空间的干预。针对后者，就本书而言，则是以空间重构为指向，以生活圈的规划为手段，构建从行为到空间的实践路径。

本书是在北京大学时空间行为研究小组长期探索的理论与方法的基础之上完成的，研究数据均来源于研究组的采集和积累，除主体研究内容来源于孙道胜的博士学位论文以外，部分研究内容为研究组的共同工作成果，其中，张艳副教授、张雪副教授、张文佳助理教授、王珏博士以及李春江、端木一博、蒋晨、符婷婷、夏万渠等同学，都在本书研究内容中做出了重要的工作。其中，李春江、王珏、张文佳、夏万渠等的部分研究成果被纳入基础生活圈划定方法的实证研究部分；张艳、端木一博等在探讨基于社区生活圈的公共服务设施配置工作中发挥了核心作用；张雪在构建城市生活圈及其规划模式的研究内容方面贡献了研究成果。全书由孙道胜、柴彦威策划与统稿。

全书总共分为 9 章：前两章为综述性研究，其中第 1 章阐述城市社区生活圈规划研究的背景和意义，第 2 章介绍生活圈规划的经验与进展；第 3—6 章的主要内容为社区生活圈规划的核心实证研究，其中第 3 章对生活圈的概念体系进行构建，第 4 章、第 5 章分别采用不同的方法对社区生活圈、基础生活圈的空间进行界定，第 6 章探讨社区生活圈的行为特征及影响因素；第 7 章的主要内容为生活圈的规划实践；第 8 章为从社区生活圈到城市生活圈的应用延伸；第 9 章对城市社区生活圈规划研究的未来进行展望。

在本书的成书过程中，部分研究成果的完成来源于北京大学与北京市城市规划设计研究院的合作课题。其中，依托于 2015 年“北京城市生活空间与社会空间重构研究”课题，第一次面向北京市总体规划的新一轮编制提出了生活圈规划的概念；依托于 2017 年“北京城市社区公共设施时空配置优化研究”课题、2019 年“面向决策支持的行为特征与社区生活微观模型研究”课题，分别提出了社区生活圈的需求分析及规划实施模式、基础生活圈划定的替代方法等研究成果。在此向北京市城市规划设计研究院相关部门及课题人员表达由衷的感谢！

在本书付梓之际，自然资源部正在组织社区生活圈规划编制指南，目的是面向让人民生活更美好的目标，延伸国土空间规划体系的微观环节。由此，国家层面对于社区生活圈规划的重视可见一斑。我们也寄希望于通过此书，基于我们的研究实践，为社区生活圈规划理论与方法的深化和落实贡献一份研究力量。希望在不久的将来，社区生活圈规划能够尽快被纳入国土空间规划的法定体系中，与总体规划、详细规划、专项规划等各层级规划实践工作进行深度结合，并尽快走向实施落地。

最后，十分有幸能够参与此次“十三五”国家重点图书出版规划项目“城市时空行为规划前沿研究丛书”的出版，在此感谢东南大学出版社的徐步政老师和孙惠玉老师在本书出版过程中所做的辛勤工作。

尽管本书以“城市社区生活圈规划研究”为题，但仅为一家之言，日后的社区生活圈规划必将拥有一套宏大完整的实践体系，本书的研究仅站在当前理论发展水平和特定学科视角，展现出社区生活圈规划的冰山一角，不足其万一。拙作难免有纰漏，欢迎各位方家批评指正！

孙道胜　柴彦威

2020 年 5 月 4 日

目录

1 城市社区生活圈规划研究的背景和意义

我国的城镇化过程目前正处于转型的关键阶段。新时期，社会阶层分化、社会空间重构以及城市空间及其问题的复杂性上升为城市规划带来了新的挑战（袁媛等，2015）。城市规划也将面临从技术工具到公共政策、从市场本位到公平本位、从工具理性到价值理性、从法制到法治、从精英主义到公众参与的全面转型（陈锋，2004）。具体说来，是从宏观的形态与功能原则走向微观的居民生活，从大规模的开发建设走向存量的优化，从注重物质空间建设到注重物质空间与社会空间协调发展。其中，一直以来对“日常生活空间”的忽视成为现今我国城市规划的普遍反思（张杰等，2003）。而社区作为最基本的生活空间单元，业已成为推进生活空间实践的主体场所，也是加快中国城市规划创新的重要突破点。

1.1 城市生活空间转向

1.1.1 快速城镇化与城市空间重构

过去的几十年，在市场化机制作用之下，中国成功实现了经济转型，中国城市则经历了剧烈的城市空间重构（Ma，2002；Ma et al.，2005）。现在中国城市正处于快速城市化、经济社会全面转型、城市空间重构等综合作用相交织的过渡时期（柴彦威等，2010d）。政治、经济、社会和个体各种要素的综合作用塑造着城市经济空间、社会空间和个体空间，转型期的城市空间结构经历了从计划经济下的典型同质性特征向市场经济发展下的异质性特征的转变（冯健等，2007）。地方政府治理转变、社会结构变迁、经济结构转型是中国城市空间转型的主要方面，而政府企业化、趋利性空间增长等制度性因素则加速了这一趋势（张京祥等，2008）。

截至 2016 年，我国的城镇化率已经达到 57.35%，取得了社会经济发展的巨大成就。这也说明依靠城镇化率提升的发展潜在空间正在逐步减少，未来我们必须要在有限和适度的城镇化潜在空间中实现更加高水平的社会经济发展目标。面临当前城镇化模式不可持续性所带来的压力，我国的城镇化发展方式必然会由“外延式”转向“内涵式”，进入深度城镇化发展时期（单卓然等，2013；柴彦威等，2015）。

城市空间重构背后的城市发展动力从过去以向心集聚为主导转向以离心扩散为主导（冯健等，2003）。从空间维度上讲，新的城市空间的生长以及区位分布的差异等使得空间形态呈现较大的差别，其多样性上升；从时间维度上讲，相同区域自身演化的渐进性使得本地的人口、社会、文化、经济要素呈现新老交织的过渡状态，其复杂性提高，即城市整体呈现多样性和复杂性同步上升的趋势。而城市的非均衡性在这一过程中也逐步上升，造成城市体验的空间分离和破碎化[①]、城市的时空间成本上升、可持续性下降（张中华等，2009）、社会空间异化与公平性下降等[②]。

1.1.2 生活空间的关注与反思

随着我国城市服务经济的发展、城市休闲游憩职能的提升等城市职能的转换，城市职能从生产向生活的转变趋势日益明显，城市空间发展呈现从生产性空间主导向生活性空间主导的转变态势（图 1-1）。以工业生产组织城市结构，以资源、环境为代价的发展思路逐渐转变为以生活质量、居民幸福感为城市发展的核心，注重城市生活的多元性和相互融合性，重视对城市交往空间、人文氛围、生活便利性、休闲游憩空间的营造（陈振华，2014）。

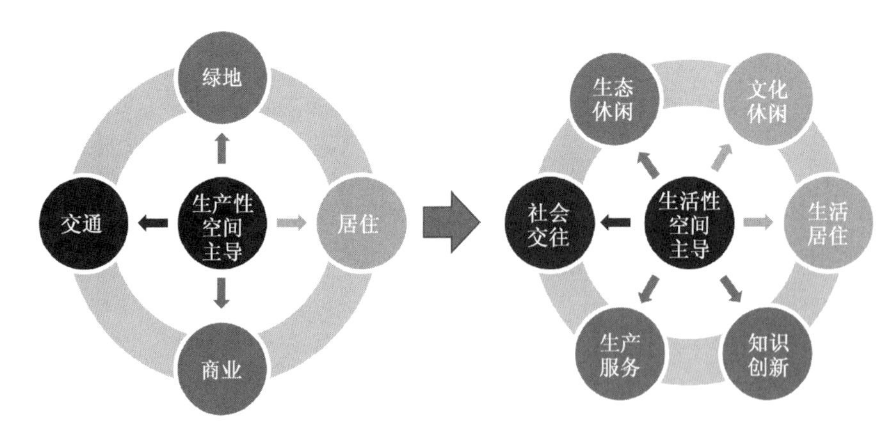

图 1-1 城市空间发展模式转型

然而，在传统的快速城镇化过程中，由于市场化和效率优先的价值导向，城市规划与建设更多遵从形态原则和功能主义，而较少关注微观尺度的城市居民日常生活。长期以来，城市生活空间是作为一种配套和附属而存在。同时，按照生产功能、服务功能、管理功能、协调功能、集散功能、创新功能等进行城市功能划分的方式割裂了城市生活空间的有机性，体现了为生产而服务的理念，忽视了城市对于人的意义。

随着城市中人的本体论的兴起[③]，面向“以人为本”的新型城镇化建设，各界已经开始思考注重社会性的城市空间组织的“二次转型”（柴彦威等，2010c），这要求中国城市发展逐渐从大尺度的宏观叙事转向小尺度的空间调整，从传统城镇化侧重数量规模转向注重内涵质量，从将居民视为均质整体转向关注不同社会群体的多元需求，逐渐开始关注城市生活空间的构建与居民生活质量的提升。这些新要求对城市规划的公共性、政策性与社会性提出了新的挑战。长期以来“重数量，轻质量”“见物不见人”的城市发展观需要得到全面反思（仇保兴，2003，2012；柴彦威，2014）。

（1）居住配套下的社区空间淡化

在以生产空间为导向的城市空间理念下，住房是承载劳动力要素的容器，居住功能是生产功能的附属。因此，城市居住空间的发展在很多情况下体现着城市整体生产效率的要求，例如其区位的选择、空间组织的模式等。一方面，在快速的城市郊区化过程中产生了大量的居住组团，使得人们的居住空间高度集中和重叠，由过去的资源共享演变为资源竞争，其居民的生活质量提升受到很大制约；另一方面，由于商品化的住房建设模式，居住区往往呈现粗放式的发展模式，比如巨型社区等涌现，其空间尺度与人的生活尺度存在较大失衡。同时，生活配套不足、归属感缺失等社区问题凸显（张艳等，2013），引发了城市社区的“生活病”。

可见，上述现象使得我国的城市社区仅仅作为居住的“配套”，而本身作为生活场所的意义则淡化和下降。

（2）功能分区下的职住空间失衡

新中国成立以来，中国的城市空间曾一度以单位为特色，单位空间作为基本单元组成了城市空间的整体，职住接近，生活空间紧凑；但随着单位制度的逐渐解体，为了追求更高的生产效率，城市中逐渐兴起的就业中心取代了原有单位大院中的工作职能，通勤行为开始逐渐走出单位社区；集中建设的城市居住区使得人们的居住空间更倾向于由其居住环境、住房价格、交通区位条件等因素驱使，而与就业区位存在明显的错位现象；尤其是随着近年来城市机动化进程的加快，城市居民的移动性增强，与城市的功能分区相互作用，导致了长距离通勤等现象的出现。

可见，职住空间的失衡使得城市居民的生活时空间成本明显上升，制约着居民的生活质量，并影响着城市的生态质量，导致交通拥堵、环境污染等一系列问题。

(3) 生产节奏下的休闲空间边缘化

伴随着城市居民行为能力的上升，日常生活需求日渐呈现多样化、外向化、复杂化的特征，生活空间的层级结构凸显，长时空尺度、较高级的生活需求的日常行为成为生活空间中的高层次部分。但是，为经济发展服务的城市空间模式，对这一变化趋势的应对不足，忽视了行为需求的多样化，因此使得休闲、购物行为等没有被作为城市核心内容进行优化安排，城市休闲空间呈边缘化趋势。

1.2 时空间行为视角下的生活圈

1.2.1 社区空间为核心的生活空间实践

2018 年、2019 年，习近平总书记在考察上海时先后提出，“城市治理的‘最后一公里’[④]就在社区”“坚持以人民为中心的发展思想，不断提升城市治理的精细化水平”。在面向城市治理能力提升的理念下，人们将解决城市生活空间问题的目光转向了城市居民最主要的生活载体——社区。生活空间的实质就是城市人居环境，是各种维护人类活动所需的物质和非物质结构的有机结合体——以人为中心的城市社区环境。

早在 20 世纪 30 年代，城市生活空间的研究就已起源于社区生活方式和居住形式的研究。地理学关于城市空间的研究成为探讨城市社会生活空间结构的基础，可以帮助我们准确地理解、判识生活空间的质量与类型（王开泳，2011）。城市社区空间成为城市生活空间实践的核心（孙峰华等，2002；张建，2005）。

另外，城市规划界涉及大量城市社会—生活区域规划治理的研究（张建，2005）。从欧文的“新和谐村理论”、霍华德的“田园城市理论”一直到佩里的“邻里单位理论”，都对居住环境设计和居住区规划产生重要的指导意义。这也反映出在生活空间的规划实践中，社区是主要的落脚点。

1.2.2 时空间行为视角下生活圈规划的兴起

过去几十年，城市研究的行为转向趋势日益明显。在人本主义和后现代思潮的大背景下，人文地理学逐渐开始从描述走向实证解释，研究人类活动的方法从宏观走向微观，人类行为研究成为热点（塔娜等，2010）。城市空间研究也经历了相同的转型过程，立足于人类空间行为的视角正在成为理解城市化、城市空间、城市社会、城市发展的关键（Aitken，1991）。在研究实践方面，中国的时空间行为研究领域从个体行为角度解读城市社会转型，关注城市空间的重构与描述（柴彦威等，2013b），广泛对接与生活空间、生活质量相关的话题，如时间利用、活动空间、移动性，并积极响应低碳、公平、健康等社会主题，开展大量研究。同时对个体行为时空情景的挖掘（关美宝等，2013；卡萨·埃列格路等，2016）也成为重要的研究方法。

作为城市空间的缔造者和使用者，城市居民是城市的核心，居民的日常生活是城市空间质量评判的最基本准绳。从基于物理空间的城市空间实践，到基于人的生活空间实践，必然要关注人的日常规律和人的客观需求，以规律和需求来引导规划实践的进行。在这种趋势下，以人的行为为主要研究对象的时空间行为研究与生活圈研究，则完全具备了相互结合的契机。

一方面，从生活圈的概念内涵与居民行为的关系上来看，居民的日常行为是生活圈产生的本质和关键，生活圈空间结构的产生也源于日常行为的规律，例如，依照距离衰减规律，社区空间是居民日常生活中使用频率最高、活动分布最为集中的场所。此外，社区可以被看作居住行为、通勤行为、休闲和购物行为等一系列活动出行（链）的出发点和结束点，也是人在行为空间中最主要的停留点，因此社区生活圈是城市生活圈系统中最重要的生活圈。

另一方面，以时空间行为来定义生活圈、解析生活圈、界定生活圈并优化生活圈，现已具有一定的学科视角优势。基于时空间行为的生活圈研究具有以下特点：（1）以个体人为分析样本，注重差异性的表达。时空间行为研究学者认为，传统汇总的研究方式平均化了人之差异性，难以精准刻画出城市空间与人的行为之间的作用关系（Kwan，1999）。但同样的空间条件对于不同的人的作用是不同的（Weber，2003），时空间行为研究更倾向于从社会属性（如年龄、性别、收入水平）的差异入手，探究不同类型的人在城市时空背景下不同的行为响应模式及其时空需求，为精细化的生活圈规划提供新的分析对象。（2）基于居民客观真实的行为。基于明确观察到的行为，即真实世界中记录的行为并对其进行解释，通常采用显示性偏好（Revealed Preference）的调查方式（Pirie，1976；Borgers et al.，1987），这可以为生活圈规划的前期分析与方案支撑提供新的调查方法，便于更精确地描述生活圈规划中的需求侧。（3）注重日常生活性。从行为地理学的视角来看，居民在长期的行为选择之下，通过学习逐渐减少认知制约，做出趋于理性的行为选择，即习得行为，并外化为规律的日常活动（Lloyd et al.，1998）。行为地理学关注居住空间、就业空间、消费空间、休闲空间等日常活动空间（柴彦威等，2010a），通过微观个体与整体社会、短期行为与长期行为、主观能动性与客观制约、定量与质性结合的研究框架（柴彦威，2005），研究各类活动空间的时空特征（赵莹，2016），以解释生活圈的形成机制。

1.3 中国社区规划的反思

1.3.1 中国城市社区规划研究发展历程

社区是自下而上透视城市空间问题的一面放大镜。不同时期由经济、社会背景决定的城市空间发展模式塑造着社区物质空间的框架，而社会人的流动与结构演化塑造着社区的社会结构，个体人（以及家庭）则作为最基础要素在社区空间中通过时空间利用、活动出行行为形成社区尺度的日常行为的形态。社区不仅仅是以城市为外部环境，更被城市所塑造。因此，社区规划也成为推动城市规划建设不断发展完善的基础层面的工作，社区规划的理论与方法水平也成为反映城市规划先进性的一面镜子。

近年来，国内对于社区规划的研究热度不断上升（高鹏，2001；薛德升等，2004；李东泉，2014）。我国社区规划研究的成果主要借鉴了西方社会学和城市规划的理论成果，以类型学、区位学、社会行动理论为主（薛德升等，2004），20 世纪 90 年代是对社区规划研究初步认识的阶段。20 世纪 90 年代中期以后，人居环境的理念在国内兴起（吴良镛，1997），围绕老年社区（胡仁禄，1995）、可持续社区（吕斌，1999）、生态社区（李东，1999）、邻里保护等主题，众多学者纷纷开展理念与实践的引入研究，新城市主义等新规划运动的理念也同时作为西方社区规划的新实践理念被介绍进国内（邹兵，2000）。

2000 年以后，尤其自 2002 年以来，对社区的规划研究呈现领域广度和研究深度同步上升的趋势（李东泉，2014）。整体来看，在这一段时间内，一部分学者对社区的概念内涵进行重新溯源以加强理论深度，另一部分学者则开始探讨社区规划的模式创新。其中有基于社区规划反思新中国成立以来的居住区规划模式（高鹏，2001），提出从住区规划到社区规划的转换（赵蔚等，2002；徐一大等，2002），也有基于国内的地方实践总结具有中国特色的社区规划模式（赵万良等，1999；杨贵庆，2000；孙施文等，2001）。与此同时，为应对气候变化等现象以及城市人本化关注，生态社区规划[⑤]、低碳社区规划、安全社区规划（李子木等，2006）等新兴话题大量涌现。此外，人文地理领域也从生活空间的角度开始了对中国城市生活空间与社区可持续发展问题的探讨（王兴中等，2009；柴彦威等，2006；柴彦威等，2008a；王德等，2009）。

1.3.2 中国城市社区规划实践

（1）社会学视角——社会行动理论

社会学重视解读社区的社会形态，从维系社会和社会成员的家庭之外的联系网络、同一地点的居住区、社会凝聚力与情感以及公共活动三个要素理解社区（张杰，2000）。胡伟（2001）认为，社区发展运动是社区实践在社会学领域的源头。夏学銮（2001）认为，社会学所主张的社区实践强调依靠城市居民自己和政府当局的努力，改善社区的经济、社会和文化状况，并将社区整合进国家生活，同时强调以培育社会资本促进社区发展，即提升社区的社会网络、社会信任和共享。此外，在社会学方面，社区规划也是社区实践的一部分，社会学领域将社区规划看作独立于既定城市规划运作体系之外的另一整套规划体系，区别于城市规划着眼于宏观的经济利益，社区规划着眼于微观的社会利益，追求的是促进社会的全面进步而非狭义的经济进步，即强调社会发展（胡伟，2001）。以社区为单位，以社会发展为目标，采用自下而上方式完成的规划都被纳入社区规划的讨论范围（姜雷等，2011）。

社会学者重视社区的行动过程，将社区的优化和改善作为一种行动模式而非简单的政策制定（姜雷等，2011）。社会行动理论主张通过对社区领导层决策过程进行社会参与分析，得出社会组织所需要的具有目的性的行动理论，并应用到社区工作实践中，推动西方由物质性住宅规划向综合社区规划的转变（徐一大等，2002）。

（2）城乡规划学视角——城市形态学

城乡规划学视角针对于社区的物质方面开展规划实践。在我国，以控制性详细规划、居住区规划设计等为主要方式，对社区的用地、建设规模、建筑排布、设施布置等进行规划建设。从发展阶段来看，经历了从新中国成立到改革开放前这一阶段邻里单元与苏联大街坊模式融合形成的小区模式、改革开放之后的大批住宅建设试点，再到新时期住房商品化改革后的多元化的住区规划（杨宁等，2008）。

但总体而言，就城市形态而言，我国的社区空间都是一种内向封闭式的空间，是计划经济制度下形成的带有单位属性的“亚社区”（徐永祥，2000）。尽管随着单位制度的消解和住房制度改革的推进，单位社区开始逐渐转变为城市社区，然而在城市社区的空间形式中，单位时期的行列式组织、封闭性空间综合体的基本特征仍然存在（柴彦威等，2016b）。因此，不同于西方国家的社区，中国的社区一开始就是在服务生产和便于管理的原则下形成的（表 1-1）。在当前城市居民的基本生活需求的多样化与日常行为模式的复杂化的背景下，以人为划定的小区围墙作为社区规划的空间范围，难以反映居民真实的生活空间，更难以满足社区规划中的规划范围要求。因此，近年来学界也一直呼吁打开封闭小区，采用街区式的社区空间规划方法（吴晓林，2016）。

表 1-1 中西方社区的形态学对比

类别	西方	中国
概念类型	以社会学概念为基础	以行政概念为基础
形成背景	分区制	单位制
空间模式	开放式街区	封闭的小区
空间图示		

（3）地理学视角——生活空间理论

地理学在社区层面的研究集中发展成为社区地理学。当前国外城市社会地理学对城市生活空间质量及其关联的应用领域的研究，已经转向关注以人为本的社会生活空间社区与场所的微区位规律上[6]。在地理学视角下，城市社区研究是城市微观理念的产物，是在城市社区化、城市基本地域空间单位结构化、微区位论之下，以社区为研究对象，讨论内部要素组织安排的理论与实践[7]。社区地理学认为，社区是社会的基本单元，社会的可持续发展关键是社区的可持续发展，通过社区构成要素与社区整体的相互影响以及构成要素自身的发展来完成社区发展（孙峰华，2002）。地理学在社区规划中主要的研究包括：社区与社区环境关系研究、社区的演化与分布的区域差异性研究、社区发展规划的研究、社区规划与社会经济持续发展关系的研究（孙峰华，1998）。就研究内容来说，这里更加注重在城市社会结构重组的背景下，社区的社会形态与空间形态间的位移与错位现象及其重新组织。

社区层面的规划实践是社区地理学在 20 世纪 60 年代的主要研究议

题。20世纪80年代，社区居民从其物质生活的富足转向对生活空间的舒适性、行为空间的匹配性和文化空间的唯我性的追求（王立等，2011），而社区规划实践的目标则是从不同阶层社区生活空间宜居性、舒适性的角度出发，为管理者提供更加行之有效的管理方式与行政决策，以应对中产阶级化、社会空间体系失衡等问题。生活空间是生活方式的空间化，指人类为了满足生活上各种不同的需求而进行各种活动的场所与地点（王立，2010；塔娜，2019）。

而近年来，也有学者提出，城市生活空间的实质是城市的人居环境，也就是以人为中心的城市社区环境（孙峰华等，2002）。王立等（2011）提出日常生活行为表现为以居住行为空间为核心，以购物、娱乐、闲暇生活行为完成的空间为边界，向其他居住社区及其城市的不同等级—类型的生活场所扩散的集聚—扩散模式。而从规划治理目标的角度而言，产区、商区、社区分别对应于城市的生产空间、市场空间与生活空间（宋道雷，2017），其中对于社区而言，完善生活空间场所体系、公正配置社区资源、提升社会—生活空间质量，是社区规划之中的重要目标⑧。

生活空间影响着城市居民生活空间行为的构成，其内部要素制约着社区生活质量。基于社区生活空间理论的社区规划，围绕社区生活空间质量的重构，以生活空间调整生活行为，以生活行为控制生活质量，实现生活空间—生活行为—生活质量的调控路径。

1.3.3 中国社区规划的问题与挑战

对于社区规划的理解目前仍然没有形成统一定论。总的来看，社区规划区别于我国过去一直推行的住区规划。社区规划通过物质规划手段达成社会目标，是以社区居民为主体，规划师及政府、非政府组织多方参与，以社会秩序与聚居地域空间的逐步建立为工作范畴的社区建设过程（赵蔚等，2002），而住区规划仅仅是社区规划在空间层次上的表现（徐一大等，2002）。相较于住区规划，社区规划更具综合性，更强调居民参与，而社区发展和社区规划的概念更为接近，相对而言，社区规划可根据社区某一时期的需求强调社区发展中的某一个方面（刘艳丽等，2014）。对于社区规划，不同的学者有不同的理解，物质层面的社区规划主要指以居住社区为规划对象，以空间措施为手段，实现对社区实体空间的提升；社会层面的社区规划主要是以社区的社会结构的营造与提升为目标，往往与社区治理、社区规划师制度、社区营造等概念相关。社区规划在我国仍然是一个构建中的概念，目前我国的社区规划研究与实践还存在一定的问题。

(1) 缺乏本土化理论

由于长期引进和模仿西方的城市规划理论，在中国的社区规划中西方理论占据理论发展的主体（于文波，2005），计划经济背景下苏联的大街坊规划理念与佩里的邻里单位理论曾对我国的社区建设起到了主导作用（北京建设史书编辑委员会编辑部，1987；华揽洪，2006），近年来西方新规划运动思潮下的紧凑城市、新城市主义也先后涌入我国。社区与公众参与、社区发展、社区规划等，都是西方国家探讨社会基本结构以及倡导自下而上的规划管理模式的产物，并非中国的本土概念。由于文化以及语言背景的差异，以及所处发展阶段、体制背景等的不同，国外的社区规划理论不一定适用于中国。而在实践层面，规划公众参与模式、综合性规划模式、改造项目模式等占据了实践模式的主体（刘艳丽等，2014）。我国始终缺乏一套适用于自身语境的社区规划方法。

(2) 既有社区空间体系制约着实践创新

在城市社区规划中，社区通常被视为城市中各自独立的“单元”，其边界采用行政区划或自然分界线，是在一定区域范围内若干平级的互不隶属且互相毗邻的行政单位（季珏等，2012；巫昊燕，2009）。一方面，这导致对社区内部空间结构缺乏考虑，形成空间上平均化的规划方案，如采取“千人指标”“服务半径”等单一规划方法；另一方面，因为较少考虑与其他社区之间的关联，而容易出现区域间的协调性较差以及效率低下、重复配置、过度建设等问题（徐晓燕等，2010）。

国内的社区规划已经开始注重对社区空间体系的重构，强调以社区空间体系来统筹社区发展工作；但是，现有的探讨仍然是基于对已有行政单元的引申或修正，不能够反映社区居民的真实生活空间（Coulton et al.，2001）。

(3) 空间要素重于社会与人的要素

社区规划是空间、社会、人三类要素综合的规划，需要注重空间效率、社会价值、生活质量的全面提升。但现有的关于社区规划的实践讨论仍然是以空间要素的规划为主，并停留在用地规划或物质景观改造方面，对于社会要素的讨论往往以社会工作为主，对于人的要素的讨论也通常效仿西方的公众参与，但主要从规划制定的工作模式角度出发，而非将人本身纳入规划方案中。因此，目前对社区规划的探索更注重空间规划，而较少考虑社区的社会价值的实现和日常生活的优化问题。

综上所述，首先，社区规划的理论与方法创新必须运用适用性更强的规划理念；其次，打破现有行政空间的桎梏，探讨社区与空间的本质，重新理解社区空间体系；最后，应将空间、社会、居民的要素进行综合组织，形成更为全面的方法框架。通过上述途径，形成适用于中国城市的社区规划方法论。

1.4 城市生活圈研究与规划探索

在当前的情形下，社区生活圈规划的提出，目的是弥补社区规划研究与实践当中的不足，提出针对我国城市社区现实问题、贴合我国社区规划创新需求、适用于我国规划体系的一整套理论、概念、分析、实践的研究系统，从而能够加速我国社区规划的模式创新和应用落地。

1.4.1 生活圈研究的现状分析

针对于生活圈的研究与规划方兴未艾，目前来看主要集中于以下三个方面：

（1）生活圈的概念探讨。生活圈在学界中是一个多元的概念，从尺度上来说涵盖从宏观到微观的多个尺度，从区域层面到人的微观生活层面都可以发现关于生活圈的讨论；从内涵上来说包括空间内涵、社会内涵、行为内涵，不同学科的学者对于生活圈的概念有着不同的认知。因此，针对于具体的场景，生活圈的概念需要重新构建，而非拿来主义式的运用。

（2）生活圈界定、划分与测度方法。面向规划应用，必须要求生活圈具有确切的、可操作的空间范围、空间结构、空间关系。因此生活圈规划研究必须是定量的、直观的、数据导向的，而不能仅停留在概念或目标导则层面。目前针对于生活圈的界定、划分与测度工作大致可以分为基于“物理空间”和基于“人”两大类，前者主要依托可达性的概念，以时间距离或空间距离进行生活圈界定划分，较少探讨个体间的差异性，本质上与“服务半径”的理念相同；后者则重在开展基于人的更为精细化的研究，关注人的客观实际可达范围，从个体差异的角度总结生活圈的一般规律。

（3）生活圈的规划实践。生活圈对于规划领域而言属于新生事物，尚未建立起成熟的规划标准，一方面应在规划措施内容方面，构建起生活圈规划的内容范畴，如用地、设施、建筑、环境等，以增强生活圈的可落地性；另一方面则要积极探讨生活圈如何融入规划的话语体系，例如如何与各类规划进行对话，如何与相关规划标准进行衔接。这一类研究目前仍然较为薄弱。

1.4.2 生活圈规划研究的发展方向

从规划创新的需求来看，如何真正践行“以人为本”是推动社区生活圈规划理论与方法创新的关键，而空间行为研究则对人的问题进行正面回答，其基于微观日常生活尺度、时空维度整合、重视个体需求的特征符合规划创新的要求。

(1) 从宏观城市尺度到微观日常生活尺度

长期以来，大时空尺度下的城市规划系统关注宏观的城市空间领域，基于千人指标、服务半径等整合方法，偏向于城市资源的供给侧。而城市规划系统中的微观日常生活结构，则被长期忽略。

在空间行为的视野中，大尺度环境的时空背景与人类空间行为被整合进城市活动系统中，城市空间行为分析者把城市看作个体活动、行动、反应和相互作用的集合体，根据日常生活的事件而不是各类用地的数量来描述城市（King et al.，1978）。空间行为显示性偏好的观点将空间行为结果视作基于选择机制产生的固有空间表现。因此，从某方面来看，活动具有常规性，即在给定的时间单元内呈现重复发生的特点——几乎所有频率的常规都是以每日、每周、每季或者一生为周期的(Lloyd et al.，1998)。

这种行为的稳定性，为通过行为表征分析城市居民偏好结构提供了理论依据，并为从日常生活的实际需求出发、引导空间优化提供了新的视角。如前文所述，一个城市最基本的活动系统是居民的活动空间，是城市中其他实体运作的需求所在。因此，以活动系统的视角，对城市微观日常生活结构进行把握，推动规划视角从产生空间导向转向生活空间导向。

(2) 从单一空间维度到时空结合维度

无论是城市空间还是生活在空间中的人群，其演变与过程都具有明确的时间性（如历史上的场所及其记忆）和动态性，这也是未来发展的重要指向。从时间性角度探讨城市设计具有重要的启发意义（龙瀛等，2016）。卡伦（Cullen，1978）指出，为了了解人类空间行为，必须要像路径中对待事件那样明确地处理时间问题。但是，城市规划往往被认为是“人类对城市未来空间安排的意志”，缺乏对时间维度的考虑，是静态的规划。

而在空间行为研究中，将时间看作空间行为规律与决策机制的本质要素，将事件的先后顺序及其时间占用作为本体而非仅仅作为表征。时间地理学以路径、棱柱、制约等概念，将时间、空间和个体人在同一个框架中进行整合（Hägerstrand，1970；Lenntorp，1978；柴彦威，

1998)。从个体的时间与城市的关系来看，时间分配是个体对有限时间资源的决策结果，时间利用的节律特征是城市运行节奏下的反映，时空密度反映城市时空资源下的个体活动模式，时空可达性则表示城市时空制约下与个体行为能力的共同反映（柴彦威等，2016a）。

城市时间与个体的生活质量息息相关，是生活圈规划中不可忽视的方面。不仅在空间分析中，将时间要素作为分析对象，而且在规划中，以过程的视角实现基于人的、动态的、精细化的时间维度的规划；并以时间本身为规划对象，对时间资源的分配进行调控，使其与居民需求相结合。

（3）从汇总的群体到非汇总的个体需求

人具有宏观人群和微观个体的双重含义，其中，群体行为则更多地表现为大量个体行为序列的整体性和规律性的统计特征，个体行为可看作一系列有意义的事件序列，具有很强的事件性，因而更关注每个事件及个体自身特殊的属性因素（柯文前等，2015）。两者的交叉关系表现为，群体对个体有制约作用，个体则为群体提供机制和功能的解释（刘瑜等，2011）。传统的规划方法更多地侧重于对群体行为规律的把握，采用汇总的人的概念，将人的需求整体化。比如以行政空间单元对居民的社会经济特征、需求结构进行平均化处理，以千人指标、服务半径的方法指导规划的进行。这些带来的后果往往是缺乏具体分析，从而导致供给与实际需求的脱节。

20 世纪 70—80 年代出现了从微观层面上关注个体决策和选择过程的非汇总方法，并开始从微观机制上研究出行方式、出发时间以及交通工具类型的选择（Bunch et al.，1993；Handy et al.，2002），时间地理学也倡导基于个体论的城市空间规划观，哈格斯特朗认为个体在时空间中的位置以及个体所能获得的公共资源的可达能力是城市规划中必须考虑的问题，并且基于时间地理学的理论，城市空间优化的实践也已有成功案例（Lenntorp，1999）。

从汇总到非汇总的视角转换，使得人的具体需求得到正面关注，从单纯的供给侧转向供给和需求的匹配，实现自下而上的生活圈规划路径。

1.4.3 社区生活圈规划研究的框架

为响应生活空间规划的需求，针对目前国内社区规划中所存在的问题创新生活圈规划，本书旨在从概念构建到可操作的空间模型，以规划为导向进行理论与实证的探讨，并提出社区生活圈规划的相关措施与建议。

从研究路径上，本书以基于行为的社区生活圈空间需求和基于空间的社区生活圈规划设施配置之间的双向互动关系，形成整体的研究框架。

首先，将生活圈看作社区居民空间需求的显示性偏好的反映，在个体居民、社区、社区间等不同尺度上形成社区生活圈的概念内涵、空间界定、组合模式。这种概念及空间模式是进行生活圈规划的基础，以生活圈引导公共服务设施的优化调整，是本书中生活圈规划实践的基本模式。

其次，作为规划结果的城市建成环境、设施配置水平，连通个体的能力与认知，以机会与制约的形式影响着人的空间选择行为，进而影响作为空间选择外化表征的社区生活圈。对于这种影响因素的解析，有利于更深层地理解生活圈的形成机制，以明确社区生活圈规划的价值取向（图 1-2）。

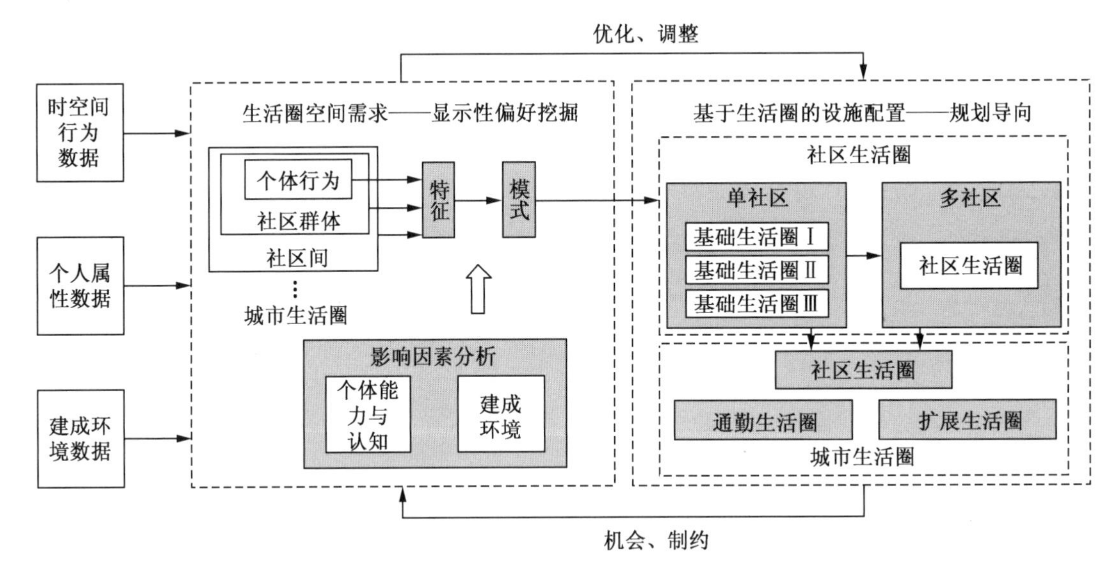

图 1-2　城市社区生活圈规划研究框架

第 1 章注释

① 参见魏羽力：《当代城市形态研究的问题与中国的视角》，全国博士生学术论坛，2009。

② 参见李东泉：《从居民满意度看城市总体规划实施的空间公平性研究：以北京市为例》，中国城市规划学会国外城市规划学术委员会及国际城市规划杂志编委会2012 年年会论文，2012。

③ 参见李阎魁：《城市规划与人的主体论》，博士学位论文，同济大学，2005.

④“最后一公里”为固定说法，故此处不将其修改为“最后 1 km”(编者注)。
⑤ 参见黄杉:《城市生态社区规划理论与方法研究》，博士学位论文，浙江大学，2010。
⑥ 参见王兴中、秦瑞英:《中国大城市社区生活空间规划内涵及内容刍议》，全球化下的中国城市发展与规划教育学术研讨会论文，2004。
⑦ 参见于文波:《城市社区规划理论与方法研究：探寻符合社会原则的社区空间》，博士学位论文，浙江大学，2005。
⑧ 参见刘晓霞:《基于城市社会—生活空间质量观的社区资源配置研究——以西安城市社区为例》，博士学位论文，西北大学，2009。

2 生活圈规划的经验与进展

对生活圈进行理论溯源，有助于更深层地理解和加快借鉴社区生活圈的国际经验，并加速中国城市社区生活圈的规划创新实践。总的来看，国际上生活圈规划研究主要在亚洲语境下进行，尤其以日本的研究为主要起源，呈现广域生活圈—城市生活圈—社区生活圈的演变历程。分析日本生活圈研究及规划的最新发展趋势，可以得出其在社会结构优化、设施活力再造、行政边界整合等方面的特点及适用性。

我国也在生活圈规划的领域进行摸索。社会学、规划学、地理学等领域的学者已经针对社区实践进行了多方面的探讨，形成了一定的理论基础。在这种基础上，生活圈规划也开始在多个城市开展了规划试点工作，尽管这些工作还处于起步阶段，但也在规划方法层面积累了一定的经验，为下一步的生活圈规划的创新提供了借鉴。

2.1 海外生活圈规划研究回顾

2.1.1 日本的生活圈理论起源与发展

从空间形制、规划价值取向等方面来看，西方的邻里单元思想以及新城市主义与生活圈理论存在一定的理论互通。在佩里（Perry，1929）的邻里单元空间模型中以 5 分钟步行距离作为服务半径的理念，初步形成以人的活动尺度作为社区设计的参考的做法，之后斯坦因（Stein，1942）等后人的社区空间思想中关于服务半径的理念都源自邻里单元。新城市主义从生活空间质量观的视角树立了现代城市社区的社会价值观和空间价值观，形成了以城市社区为单元的人居性规划与设计原理（张侃侃等，2012；常芳等，2013）。

但生活圈理论起源的直接依据是发源于德国的中心地模型（Christaller，1933）。日本学者运用中心地理论的空间结构，以人的购买行为为依据，提出了生活圈构成论（下河辺淳等，1994；杉浦芳夫，1996），且在相当长的一段时间里，伴随着“城市和农村、生活圈”以及“商业圈、吸引力范围”等主题研究的开展，中心地理论成为日本城市与区域规划的指导框架，在确定地域中心、制订中枢管理机能、行政区再组织等方面发挥着重要的作用（北村德太郎，1957；森川洋，1990）。

（1）宏观尺度——广域生活圈的提出

生活圈的概念最初起源于日本对于居住点空间区位的讨论。石川荣耀借鉴中心地理论，以类似于中心地的镶嵌结构的空间体系应用于日本的国土与区域规划，提出了“生活圈构成论”的基本观点（下河辺淳等，1994；杉浦芳夫，1996）。

在石川的生活圈构成论中，半径为 45 km、人口为 20 万人的圈域中心位置为月末生活中心，以 15 km 为半径、拥有 5 万—10 万人口的圈域中心为周末生活中心。在每个周末生活中心内，布置 6 个 5 km 半径、2 万人口的日常生活中心（图 2-1）。不同圈层的半径是 3 的倍数的关系，中心村庄的相对位置关系和市场原则形成的中心地系统在形态上相同（石川荣耀，1941，1944）。

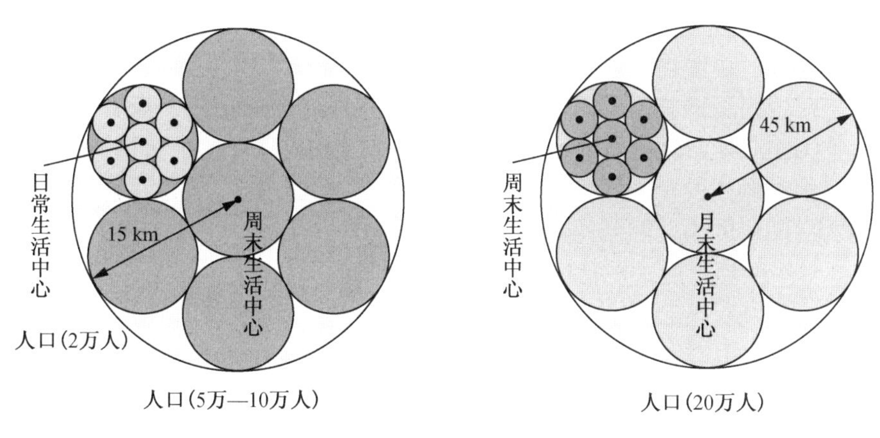

图 2-1　石川荣耀的生活圈构成论

石川荣耀的生活圈构成论，在“二战”之后深刻地影响了日本历次全国综合开发规划。如在 1965 年日本《新全国综合开发规划》（简称“新全综”）中，为改善国土利用上的不均衡状况，消除过密过疏问题和地区差距，提出以广域生活圈进行地区整备。1969 年起，在次区域层面，通过“市町村圈”进行公共服务设施建设以及国土均衡发展（翟国方等，2019）。1975 年的《第三次全国综合开发规划》（简称“三全综”）中，为了建设良好的综合人居环境，控制人口及产业向大城市的过度集中，提出通过区域开发达到各地区教育、文化、医疗机会的均等，以“定居构想”为指导，建立由居住区—定住区—定居圈三个层次构成的新“生活圈”（和泉润等，2004）（表 2-1）。

表 2-1　广域生活圈中各圈域范围

分类	地方生活区	2 次生活圈	1 次生活圈	基本居住圈
各圈域的范围	10—30 km	6—10 km	4—6 km	1—2 km
时间距离	搭乘公共汽车 1—1.5 小时	搭乘公共汽车 1 小时以内	骑自行车 30 分钟、搭乘公共汽车 15 分钟	老人儿童步行界限为 15—30 分钟
人口规模	15 万人以上	1 万人以上	5 000 人以上	1 000 人以上
中心部分设施	综合医院、各种学校、中央市场等的广域利用设施	可集中购物的商业街、专科门诊医院、高中等的地方生活圈、中心城市的广域设施	区（乡、村）公所、诊所、小学、初中等公益设施	儿童保育、老人福利等设施

（2）中观尺度——城市生活圈的理论与应用

与此同时，日本的学者也开始从更加微观的日常生活空间的角度探讨生活圈的形成原理和空间模式。其中，因居民的购买活动形成的圈层为“购买圈”，因前往公共浴场沐浴的活动形成的圈层为“入浴圈”（波多江健郎等，1961）。城市居民为满足生活需求而购买物资、利用设施的行为在三个圈层中完成：首先是近邻地区作为第一生活地区；其次是为满足更高级购物需求需要更远出行距离的第二生活地区；最后是市中心作为第三生活地区（鈴木栄太郎，1969）。农村地区的生活空间结构，也可根据居民的个人属性、出行交通方式、出行范围、出行目的等，总结为三圈层的生活圈结构（高橋伸夫，1987）。

（3）微观尺度——社区生活圈的规划实践

在微观尺度，日本建立了基础聚落圈的概念，其空间范围大致等同于居住区，其功能是满足居民日常生活的基本需求，是最基本的生活圈单元，也是家庭成员每天日常生活的最近圈域（沈振江等，2018）。在城市社区层面，关于设施吸引范围、居民对设施的利用范围的研究，被运用到城市组成的基本规划单元以及住宅规划的探讨中。有学者对日本住宅区建设中的生活圈运用进行了总结和反思（多胡進，1968），认为“近邻住区系统”在日本的公团住宅和公共园区规划中有一些较为成功的案例，在一定程度上体现了运用设施利用范围圈的归纳而进行近邻设施规划的思想；但人们的生活圈比近邻系统更加自由和扩大化，生活选择也日渐增加，近邻生活的机械化设计不能满足居民需求，因此对以小学区为单元的住宅区物理边界提出了质疑。另外，在考察住宅区空间构成的时候，认为应将生活的全貌作为一个整体，并且要进行生活行为的活动模式与住宅空间形态的对应研究，因为人的活动模式的差异性反映着社区空间构成的形态。

2.1.2 日本的生活圈规划实践

近年来，日本的生活圈规划开始针对特定的城市问题进行专门化的研究和应用。日本高速经济增长时期以后的人口移动逐渐趋于稳定，各种规模的城市人口增长率都趋于减小（森川洋，2007）。从日本当前面临的问题来看，由于“高龄少子化”的社会问题加剧，发展趋势低迷，社会的可持续水平下降。与此同时，由于人口下降，城市空间分散及活力下降的问题突出，需要进行空间整顿。此外，信息技术的发展逐渐打破了原有的城市生活空间结构，塑造着新的城市生活形态。这些现象都对日本的城市发展提出了新的挑战。

日本的国土交通省、综合政策局等部门自2008年起联合成立了“21世纪生活圈研究会”，专门进行生活圈问题的研讨，其关注的问题包括：国土与人口的可持续发展、生活与就业设施保障、突破行政单元的生活圈及其相互联动、城市交通弱势群体、以生活圈为核心的区域功能提升等等（七條牧生，2009）。

（1）面向社会结构优化的生活圈研究

实际上，在日本的城市内部，原有由家庭结构维系的城市社会关系被局部打破，出现了由于家庭结构变化引起的“近居”现象，即老龄化居民出于自救互助的目的自发形成社区生活圈。而生活圈的重要作用是保障城市生活机能，防止人口流失和鼓励人口迁入，以及增强社会的可持续性。日本的学者针对此提出通过特定类型设施的供给和生活方式的营造，引导社会互助关系的形成。例如，通过体育设施进行社区的重组（伊藤恵造，2016）。

（2）面向社会结构优化的生活圈研究

由于社会结构变化，日本城市的步行可达商业服务设施在一定程度上出现了衰退现象，商业服务设施的衰退不仅会对地区经济造成影响，而且会导致生活便利性下降以及社区活力的缺失。因此，日本学者开始探讨以零售业设施为中心，重新构筑步行可达的生活圈的可能性，以实现社区活化。例如，在调查当地居民的商业参与意愿以及分析地区活性化问题的基础上，设计社区居民参与地区活性化活动的框架（中原洪二郎，2013）。

（3）面向行政边界整合的生活圈研究

随着交通体系建设的完善，日本居民的日常生活圈范围逐步扩大，已经超出传统的市町村行政界线。与此同时，由于财政结构的改革和公共事业费用的削减，日本长期实行“市町村合并”（森川洋，2005）。在这种行政合并中，日本的生活圈规划鼓励对生活功能进行汇集，形成

“集约化”和“网络化”的空间结果，以实现区域协作、用地的集约和生活圈功能的提升。例如广域设施生活圈中以圈域的共享作为行政边界聚类性的参照（德田光弘等，2006）。

2.1.3 生活圈研究在亚洲范围内的传播

生活圈规划理论研究受到文化语境等的影响，主要在亚洲地区得以传播。例如，受日本的影响，韩国也在《全国国土综合开发计划》中提出了生活圈开发策略，并根据通勤便利性以及地区间联系划分生活圈（林子瑜，1984；蔡玉梅等，2008）。而在住区规划方面，将住区划分为大、中、小的生活圈结构（朱一荣，2009）。

2.2 中国生活圈规划研究探索①

2.2.1 社区生活圈的基础研究

我国对于生活圈的探讨起源于陈青慧、徐培玮（1987）的城市生活环境质量评价研究，为了采用定量分析的方法进行居住区环境评价，该研究将城市生活居住环境分成以家、小区、城市划定的“核心生活圈—基本生活圈—城市生活圈”三级结构，并以安徽巢湖市委案例进行了实证研究。

20世纪90年代的早期学者从单位视角出发，分析了城市内部生活空间结构，提出基于单位、同质单位、区而展开的基础生活圈—低级生活圈—高级生活圈三级结构，建立了城市生活圈体系结构（柴彦威，1996）。在区域层面，以城市群为研究对象，通过划分市、县“一日交流圈”的范围，以及比较主要城市在不同年的“一日交流圈”扩展范围，分析“一日交流圈”的基本特点和影响因素，并进一步从“一日交流圈”覆盖范围的总人口数以及所包含的上位城市等级、数量出发，对各地的发展潜力进行了评价（王德等，2001）。

在城市内部的研究方面，学者在探究城市地域系统重新建立必要性的基础上，通过对国内外有关城市地域系统建立的理论与方法的分析，指出我国城市地域系统界定中所存在的问题，并从可比性和功能性的角度，提出基于“日常生活圈”的城市地域系统重新建立的理念，并对其基本构造、建立方法和可行性进行了初步探讨（袁家冬等，2005）。在规划实践应用方面，也有学者引入生活圈理论，结合城乡居民对于获取公共服务设施所愿意付出的时间成本分析，在县城进行初级生活圈、基础生活圈、基本生活圈和日常生活圈的生活圈层系统划分，并构建基于生活圈理念的县域公共服务设施配置体系（孙德芳等，2012）（图 2-2）。

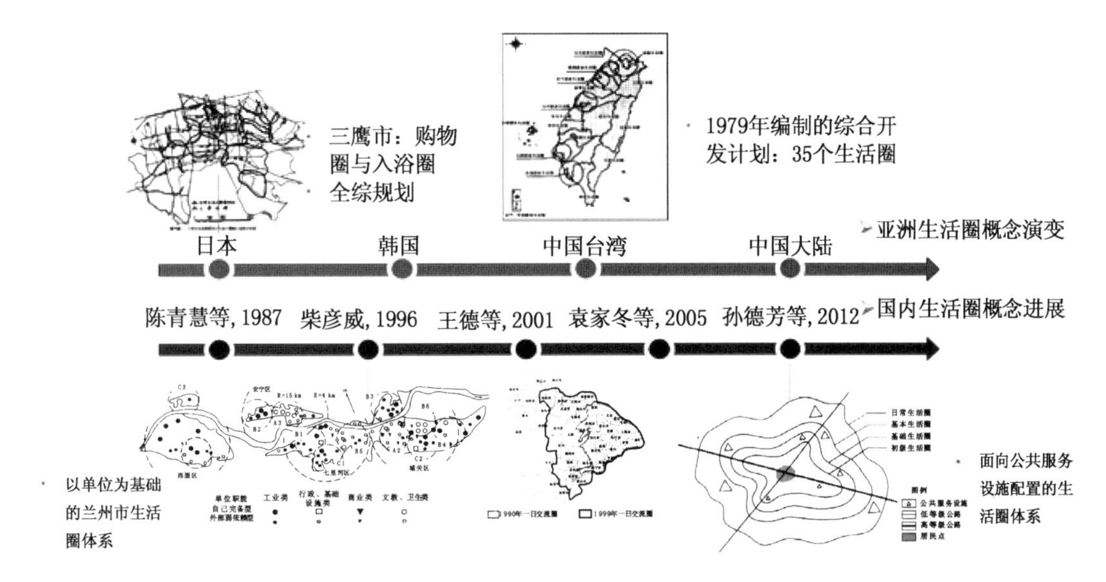

图 2-2　生活圈研究的扩散与其在中国的实践

2.2.2　社区生活圈的规划实践

（1）上海市的“15 分钟社区生活圈”规划导则

2015 年，在《上海市城市总体规划（2017—2035 年）》的编制初期阶段，《上海市 15 分钟社区生活圈规划导则》的研究和制定工作启动，并在 2016 年由上海市规划和国土资源管理局发布试行版文件，上海市成为我国最早将生活圈规划理念与法定规划进行融合的城市。该导则以规划标准和指引的方式将生活圈的概念落实为具体化、可操作的方法，并将其作为城市提升的载体，在全上海市进行推广（庄少勤，2015；李萌，2017；程蓉，2018）。

在上海市发布的这份导则中，社区不仅局限于居住社区，而是按照主导功能的不同分为居住、商务、科创、产业等类型。而“15 分钟社区生活圈”则是指按照 15 分钟步行可达范围所构建的、3 km^2 左右、容纳 5 万—10 万常住人口的社区生活基本单元。

从规划目标上来看，上海市的生活圈规划同时面向增量开发和城市更新，对于前者而言，按照生活圈的规划要求和准则进行规划编制的实施，而对于后者而言，则以该导则为参考目标，以补充、完善为主要手段。从导则的具体内容来看，按照多样化舒适的居住、职住接近的就业、低碳安全的出行、丰富便捷的服务、开放宜人的休闲五个方面，分别提出了具体的规划目标及要求（图 2-3）。

图2-3 《上海市 15 分钟社区生活圈规划导则》中的社区设施圈层布局示意

上海市的生活圈规划注重可实施性，导则中明确提出，15 分钟社区生活圈规划的准则和导引，通过控制性详细规划编制、土地出让前评估等方式，明确管控要求，并纳入土地出让合同。

（2）北京市新一轮规划中的生活圈规划要求

为提升城镇化水平，营造宜居宜业环境的发展目标，北京市在 2017 年正式批复的《北京城市总体规划（2016—2035 年）》中提出，“强化分工协作，发挥比较优势，做强新城核心产业功能区，做优新城公共服务中心及社区服务圈，满足多层次、多样化、城乡均等的公共服务需求，建设便利高效、宜业有活力、宜居有魅力的新城”。此外，在面向提升生活性服务业品质方面，新版总体规划着重提出了“一刻钟社区服务圈”的概念②，认为北京市目前的一刻钟社区服务圈已实现 80%的城市社区覆盖，提出到 2020 年实现城市社区全覆盖、2035 年城乡社区全覆盖的建设目标（图 2-4）。

北京市不仅在总体规划中，而且在副中心规划方面也提出了生活圈规划的相关内容。2018 年底发布的《北京城市副中心控制性详细规划（街区层面）（2016—2035 年）》中，按照“以组团、家园为单元，提供均衡优质的城市公共服务”的规划目标，提出要“坚持宜居便利、均衡

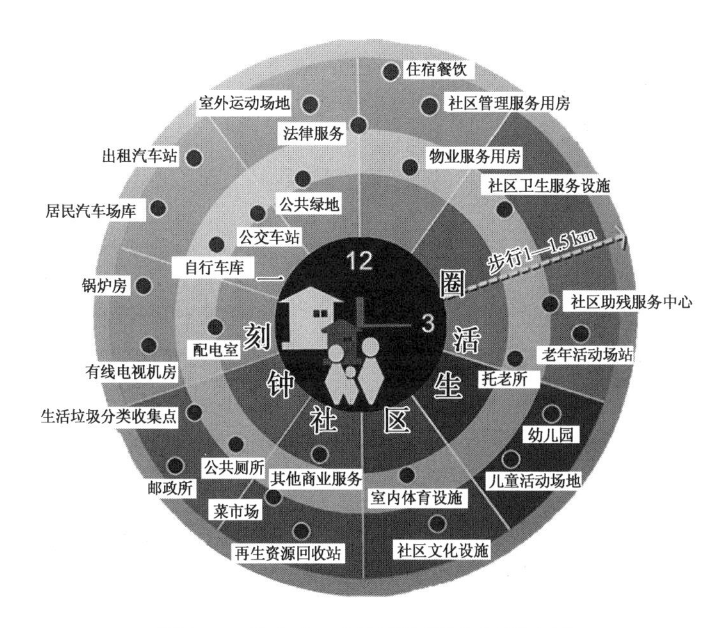

图 2-4 北京市一刻钟社区服务圈概念图

发展，建立市民中心—组团中心—家园中心—便民服务点的公共服务体系，构建 5—15—30 分钟生活圈”。此外在城乡一体化方面，也提出“构建舒适便捷的镇村生活圈”的要求。

(3) 济南市的“15 分钟社区生活圈”规划导则

2019 年初，山东省济南市自然资源和规划局编制完成了《济南 15 分钟社区生活圈规划导则》并出台了实施指导意见，以实现“在居民 15 分钟步行可达的范围内，配备生活所需的基本服务功能与公共活动空间，形成社区居民生活基本平台”。按照该规划及实施指导意见，济南市将以 15 分钟社区生活圈的方式，统筹行政服务、医疗、养老、教育、文体、商业便民、公共环境 7 大类、36 项公共服务设施的规划配置。

从生活圈规划中的设施划分来看，按照居民的步行时间和使用频率，分为街道级、居委级两级设施层级，面向居民需求提供差异化的服务。而两个层级的设施分别采取不同的建设标准，其中，街道级的设施以千人指标和一般规模进行控制，而居委级设施则按服务半径进行建设（图 2-5）。

从规划落地方面来看，济南市的导则主要通过各类专项规划或建设规划进行落实。对于建成区域和新开发区域，分别采取不同的生活圈规划策略，前者主要是已有空间的有机更新，后者则通过控制性详细规划、专项规划等体现到地块层面。目前，济南市的 15 分钟社区生活圈已经在制锦市街道、王舍人街道进行了试点规划的编制[③]。

(4) 社区生活圈规划的设计标准

在 2018 年底颁布的《城市居住区规划设计标准》(GB 50180—

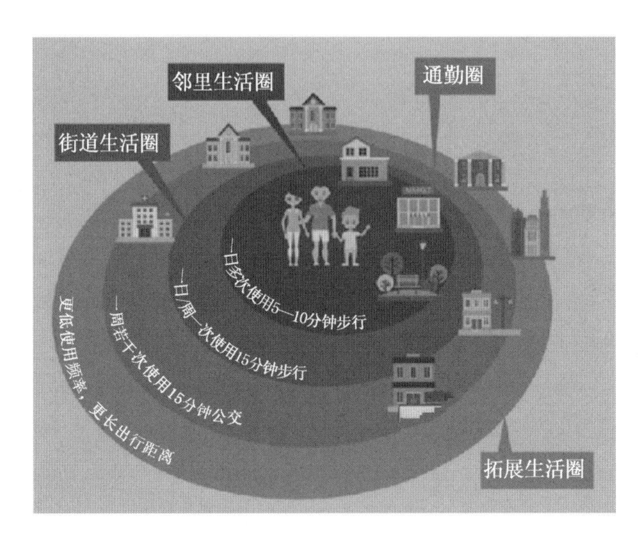

图 2-5　《济南 15 分钟社区生活圈规划导则》中的城市生活圈结构

2018）中，提出以各级生活圈作为居住空间组织的理念，正式将生活圈规划的理念融入规划设计标准之中。在该标准中规定，“居住区按照居民在合理的步行距离内满足基本生活需求的原则，可分为 15 分钟生活圈居住区、10 分钟生活圈居住区、5 分钟生活圈居住区及居住街坊四级”，从而对居住区的规划建设进行分级控制（表 2-2）。

表 2-2　《城市居住区规划设计标准》（GB 50180—2018）中的居住区分级控制规模

距离与规模	15 分钟生活圈居住区	10 分钟生活圈居住区	5 分钟生活圈居住区	居住街坊
步行距离（m）	800—1 000	500	300	—
居住人口（人）	50 000—100 000	15 000—25 000	5 000—1 2000	1 000—3 000
住宅数量（套）	17 000—3 2000	5 000—8 000	1 500—4 000	300—1 000

从标准的内容上来看，在建设规模方面规定了用地建筑指标；而在配套设施方面规定了各级生活圈中的服务设施类型、各类服务设施的用地面积与建筑面积，不同层级生活圈的规划指标互相不包含。此外这份标准还对生活圈中设施的空间布局给出了指导原则，其中，15 分钟生活圈居住区、10 分钟生活圈居住区的配套设施遵循“居中布局”的原则，5 分钟生活圈居住区的配套设施则规定了最小用地面积。

从生活圈的空间界定上来看，该标准还给出了生活圈边界的划定方法，提出“当周界为城市干路或支路时，各级生活圈的居住区用地范围应算至道路中心线”。

（5）其他城市的生活圈规划探讨

近年来各城市的生活圈规划如火如荼地开展，除上海、北京、济南等城市已经提出了较为体系化的生活圈规划以外，还有部分城市在各自的总体规划中进行了生活圈规划的探讨。例如，2018 年颁布的《合肥市城市总体规划（2011—2020 年）》《日照市城市总体规划（2018—2035 年）》《厦门市城市总体规划（2017—2035 年）》，以及 2019 年颁布的《上海市嘉定区总体规划暨土地利用总体规划（2017—2035 年）》中，都融入了“15 分钟社区生活圈”规划的理念。

2.3 海外经验对中国生活圈规划的启示

2.3.1 对于存量规划的启示

我国已经进入新型城镇化阶段，部分大城市地区的发展方式已经由依赖于增量开发逐渐转向存量的优化再提升转变，在这一时期，如何适应存量时期的空间发展方式、重新思考城市内部空间与功能之间的叠合关系、提出新的空间模式，日本的生活圈规划在一定程度上给出了答案。由于日本近年来的生活圈规划正是以存量规划为背景，甚至进入了“减量规划”的阶段，因此对于我国来说具有较为超前的借鉴价值。

通过城市内部生活圈的划定，综合考虑土地利用、城市交通、公共设施、社会组织，缩小时空成本，扩大服务面，促进设施共享，优化供需关系，减少重复建设，避免资源浪费，加速形成紧凑、集约、就地化的生活圈体系。

2.3.2 对于社区规划的启示

我国的社区规划研究于 20 世纪 90 年代开始起步，其实践形式主要借鉴了西方社会学和城市规划的理论成果，以类型学、区位学、社会行动理论为主，大多属于西方国家探讨社会自治结构以及倡导自下而上的规划管理模式的产物。由于文化背景的差异，以及所处发展阶段、制度背景等的不同，照搬西方国家社区规划理论对于我国的适用性可能出现不足，而应进行更深度的本土化创新实践。社区生活圈规划是社区规划的新层次。生活圈理论由于主要在亚洲地区传播，与我国的语境结合更为密切，且已经在韩国等得到了验证运用，有助于形成更具特色的社区规划范式。

以社区生活圈为框架，综合物质规划措施和社会管理措施，带动生活方式的塑造，实现生活空间的健康发育，使社区生活更加便捷，助力宜居城市的建设。

2.3.3 对于区域协同发展的启示

区域协同发展不仅关乎生产层面的产业协作发展，而且关乎生活空间的一体化。在我国，城市群尺度的生活空间现象已经较为普遍，通勤、购物、休闲等行为已经开始逐渐突破行政地域，需要适时思考生活空间层面的区域协同发展路径。我国有一段时间沿用的是西方国家的卫星城建设模式，事实证明，尽管这种建设模式为大城市规模的控制做出了贡献，但也导致了生活空间的割裂，以及服务配套水平的下降。而日本的生活圈规划则是将区域作为整体，以城市之间的生活关联性、生活功能叠合为基础而开展的协同发展，是较之卫星城模式更为积极有效的生活空间协同发展方式（柴彦威等，2001）。

通过跨区域的生活圈，融合行政边界，统筹区域生活空间关系，综合组织区域交通出行，引导健康有序的区域生活空间一体化。

2.3.4 对于老龄化社会的启示

未来几十年我国将进入快速老龄化阶段，人口结构的变化、居民移动性的下降，对城市的商业服务设施、医疗设施、养老设施、健康设施、教育设施、交通设施等的需求结构将产生新的变化，需要采用一定的措施来保持供给水平，增进社会活力。而日本的生活圈研究已经对此做了大量的探讨，尤其是在以设施为核心、以生活圈为框架进行地区活性化方面做出了探索。

通过生活圈的再凝聚，缩减时空成本，提供优质化的服务设施，增进社会互助和社会参与，实现生活质量和幸福感的提升，积极应对老龄化发展阶段。

第 2 章注释

① 若无特别说明，本节研究内容不包含我国台湾、香港、澳门地区的相关研究。

② 参见何思宁、吕佳、张尔薇等：《人本视角下转型期产业新城公共服务体系构建：基于亦庄新城公共服务设施规划的探索》，活力城乡　美好人居——2019 中国城市规划年会论文集（07 城市设计），2019。

③ 参见《王舍人制锦市尝鲜 15 分钟生活圈》，齐鲁晚报网 2017 年 11 月 17 日。

3 中国城市生活圈概念体系构建

从国内外的生活圈规划实践可以看到，对于生活圈的概念理解是多种多样的，不仅在生活圈的含义上存在多种理解，而且在空间指向上也有不同的尺度。任何的规划实践，面临的首要问题都是空间概念问题。要开展社区生活圈规划，首先要明晰生活圈的空间概念，才能提出行之有效的研究与规划方法。中国的社区由于城市建设历史和行政管理方面的要求，一开始就是在服务生产和便于管理的原则下形成的，存在以行政边界和物质空间范围作为社区空间替代概念的现象，难以满足当前市场化背景下的居民移动自由性上升、行为需求多样化与个性化的社区规划要求。因此，必须对社区生活圈的空间概念重新厘清。

为了突破传统以围墙等物质边界划定小区的社区空间理念，建立基于居民真实行为的空间模型，精细化地解析城市社区居民的生活空间结构，本章基于时空间行为的视角，提出生活圈的概念体系和空间规划层级，旨在为城市社区研究和生活圈规划实践提供基本空间概念。

3.1 生活圈的概念界定问题

3.1.1 生活圈的概念与划定问题

城市生活圈规划，顾名思义，是对城市生活圈的规定和计划，因此，生活圈规划体系的构建应从对生活圈概念的界定出发（柴彦威等，2019a）。国内很多学者在研究中都对生活圈进行了界定，比如袁家冬等（2005）认为日常生活圈指的是城市居民的各种日常活动所涉及的空间范围，既是一个城市的实质性城市化区域，也是一种功能性的城市地域系统。孙德芳等（2012）认为生活圈是在某一特定地域的社会系统内，人们为了满足生存、发展与交往的需要，从居住地到工作、教育、医疗等生产、生活服务提供地以及其他居民点之间移动的行为轨迹，在空间上反映为圈层形态，具有方向性与相邻领域的重叠性等属性特征。刘云刚等（2016）指出生活圈是居民实际生活所涉及的区域，也是中心地区和周边地区之间根据自我发展意志、缔结协议形成的圈域。程蓉（2018）则具体到社区层面，认为社区生活圈是指居民以家为中心，一日开展由购物、休闲、通勤（学）、社会交往等各种活动所构成的行为和空间范围。此外，《城市居住区规划设计标准》（GB 50180—2018）将生活圈居住区定义为“满足居民物质与生活文化需求为原则划分的居住区范围”。总的来说，不同学者对生活圈的认识基本上是一致的，即“维持日常生活而发生的诸多活动所构成的空间范围”（柴彦威等，2015）。

但是在将这个概念运用到城市生活圈规划中时，便会形成挑战。一方面，传统“规划”二字的对象通常是物质空间，比如平面布局、设施配置等；但是“生活圈规划”的对象是居民日常生活空间，更确切地说是居民的行为空间，显然这不等同于物质空间，因为每个个体的行为叠加于其中。另一方面，行为和空间是紧密结合、相互作用的（柴彦威等，2017）；并且，“人本”的城市规划应该重新回到人，而不是仅仅关注物质空间，所以直接以人的城市生活作为规划对象、强调人的中心作用才是城市生活圈规划概念的重点。因此，城市生活圈规划指的是以整体的“人”为核心，以人的城市生活作为规划对象，以引导人朝向理想生活为规划目标，以分析差异化个体需求为核心的引导性的社会合作行动式的规划。

除了对生活圈和生活圈规划概念的界定外，生活圈范围的划定也是目前规划的难点之一。从生活圈的概念出发，生活圈范围的划定是以家为基础的居民日常生活的空间范围，即以居民每天从家里出发再回到家的所有行为的空间可达范围作为基础。与此同时，城市的快速扩张、区域化与城市职能外溢使得居民日常活动空间不限于城市内部，都市区、城市群的社会经济功能与生活空间也形成了紧密的联系。因此，除了在城市内部的日常生活圈外，还有在都市区范围的日常通勤圈与在城市群（不同城市之间）的扩展生活圈，反映了生活圈范围的多尺度特征（图3-1）（柴彦威等，2013a）。虽然从概念上可以比较明确的划定生活圈的范围，从城市体系与生活圈的紧密联系也可以基本判断生活圈的不同尺度，但是在具体的规划实践中需要的是在实体空间上的明确划分。目前，《城市居住区规划设计标准》（GB 50180—2018）虽然强调了生活圈概念的重要性，但是在标准中未涉及如何划定生活圈范围的问题；现有社区生活圈规划尝试也只是将过去居住组团、街道边界或者以居住区为中心的若干距离缓冲区作为生活圈范围，这都与生活圈以人为本、以居民行为需求为本的原则不完全相符。因此，生活圈范围的划定也是生活圈规划从研究走向实践所面临的重要挑战之一。

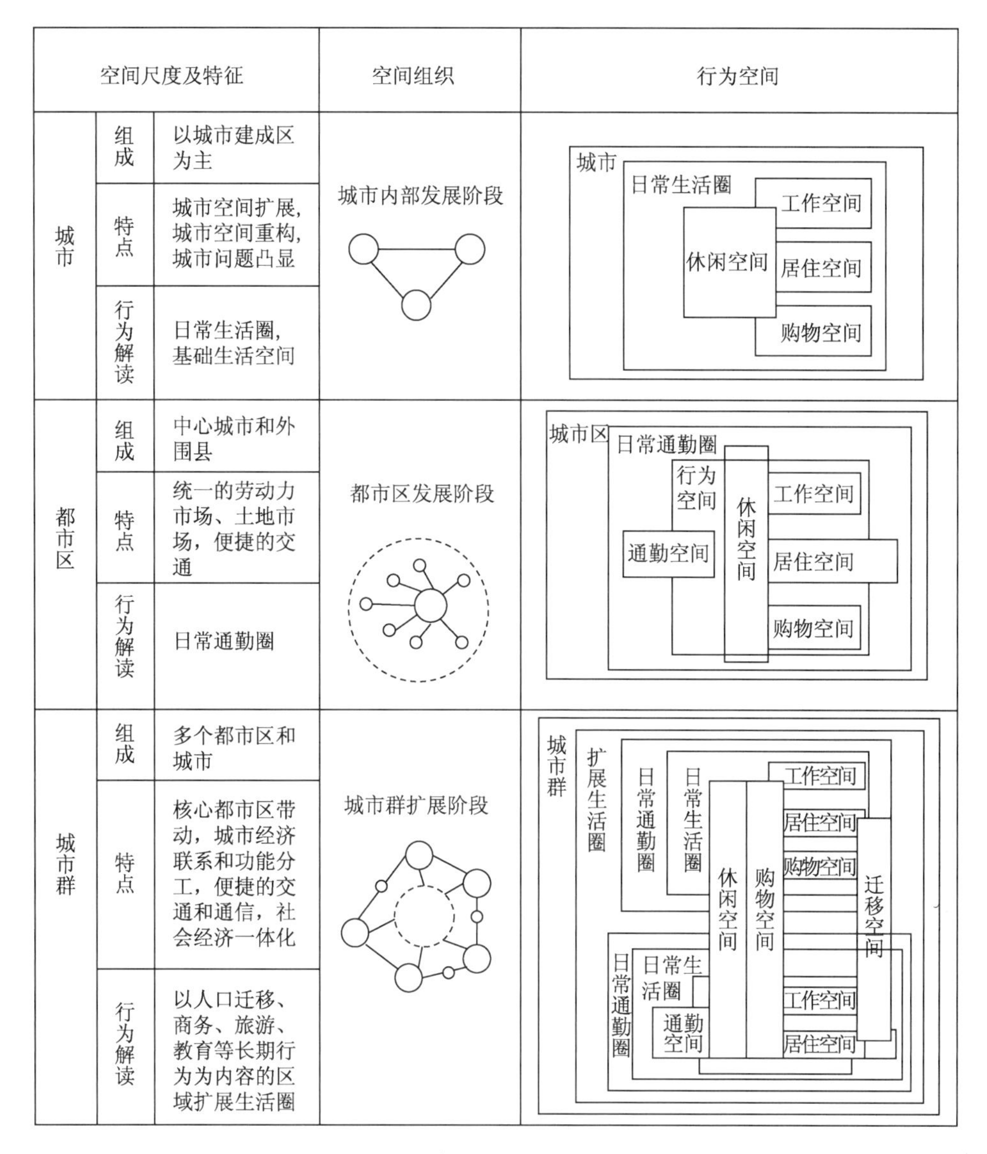

空间尺度及特征			空间组织	行为空间
城市	组成	以城市建成区为主	城市内部发展阶段	
	特点	城市空间扩展，城市空间重构，城市问题凸显		
	行为解读	日常生活圈，基础生活空间		
都市区	组成	中心城市和外围县	都市区发展阶段	
	特点	统一的劳动力市场、土地市场，便捷的交通		
	行为解读	日常通勤圈		
城市群	组成	多个都市区和城市	城市群扩展阶段	
	特点	核心都市区带动，城市经济联系和功能分工，便捷的交通和通信，社会经济一体化		
	行为解读	以人口迁移、商务、旅游、教育等长期行为为内容的区域扩展生活圈		

图 3-1　“城市—都市区—城市群”生活圈体系

3.1.2　生活圈的内涵与职能问题

城市生活圈规划的内涵不应只是关于物质空间硬环境的规划，而且应该包含社会空间等软环境的规划。事实上，国内已经有学者意识到生活圈规划的内涵区别于传统规划。刘云刚等（2016）指出生活圈规划包含了城乡治理的规划，其有利于协调应对治理过程中各个主体的利益诉求；吴秋晴（2015）也认为社区生活圈规划包含了目前愈发重视的社区规划，以生活圈作为切入点更能反映居住空间的社会属性，精准对接居民需求，搭建实施性的社区动态更新机制。如果与当下物质空间规划相比，生活圈规划的问题导向意识没变，但是涵盖的内容更多、涉及的学科更广，在对个体、家庭、组织、社区等多个层面主体的行为、需求、偏好、评价进行调查和综合分析的基础上，提出针对问题的建议，而后多主体协商实施。不过这仍然不是一个对生活圈规划内涵的正面描述，因此内涵的组成与边界仍然需要探讨。

城市生活圈职能的规划需要回到对生活圈职能的理解。生活圈是居民日常活动所构成的空间范围，由于居民有多样化的日常需求，因此日常活动满足何种需求、活动发生的周期以及持续时间、活动发生地离家远近三个要素构成了日常生活体系。与此对应，生活圈体系也包括职能划分、时间划分与空间划分。表 3-1 提炼并总结了现有文献中对生活圈体系的划分，可以看到，活动的种类和基本特征与生活圈的职能、时间和空间划分是一一对应的。总的来说，如果暂时不考虑外出城市的活动，那么城市生活圈一般来说可以分为三类：①满足居民日常基本活动需求的社区生活圈，涉及的活动频率高发、持续时间很短，仅围绕居住小区及周边展开；②包含居民通勤及工作的通勤生活圈，通常以一日为尺度，空间上除了居住地及附近外还包括工作地及附近区域；③满足居民偶发性活动的扩展生活圈，活动通常在周末开展，因此以一周为尺度，并以都市区为生活圈的空间范围。

表 3-1　城市生活圈体系的职能划分、时间划分与空间划分

作者及年份	生活圈体系
柴彦威，1996	职能划分：满足日常基本生活需求的基础生活圈；通勤、通学构成的低级生活圈；区级行政管理和满足高级活动需求的高级生活圈。 时间划分：15 分钟生活圈；30 分钟生活圈；一日生活圈。 空间划分：单位生活圈；同质单位集合构成的生活圈；以市辖区为基础的生活圈
柴彦威等，2015	职能划分：满足居民最基本需求的社区生活圈；满足购物、休闲等略高级生活需求的基础生活圈；包含通勤行为的通勤生活圈；以居民偶发行为为基础，满足高等级休闲购物活动需求的扩展生活圈；与邻近城市进行通勤、休闲活动的协同生活圈。 时间划分：15 分钟生活圈；一日生活圈；一周生活圈；一月甚至更长时间的生活圈。 空间划分：社区（居住小区）生活圈；居住组团生活圈；包括工作地的生活圈；都市区生活圈；城市群生活圈
熊薇等，2010	职能划分：满足日常活动基本需求的基本生活圈；参与城市范围的活动，满足更高水平生活需求的城市生活圈。 时间划分：15 分钟生活圈；一日生活圈。 空间划分：社区生活圈；城市生活圈

续表 3-1

作者及年份	生活圈体系
袁家冬等，2005	职能划分：满足居民最基本生活需要的基本生活圈；满足居民就业、游憩等需求的基础生活圈；满足居民偶发性需求的机会生活圈。 时间划分：15 分钟生活圈；一日生活圈；一周生活圈。 空间划分：社区生活圈；城市及外围城乡接合部生活圈；城市及近郊生活圈
孙德芳等，2012	职能划分：包含幼儿园、诊所等低等级公共服务的初级生活圈；包含小学教育等中等水平公共服务的基础生活圈；包含中学、医疗等较高等级公共服务的基本生活圈；包含县级行政职能和高等级公共服务的日常生活圈。 时间划分：15 分钟步行生活圈；15 分钟自行车出行生活圈；30 分钟公共汽车出行生活圈；一日生活圈。 空间划分：以基层居民点为中心，半径为 800 m 的范围；以基层村民点为中心，半径为 1.8 km 的范围；以基层居民点为中心，半径为 15 km 的范围；县域生活圈

不仅如此，生活圈体系的划分与生活圈规划紧密关联。例如，柴彦威等（2015）将城市生活圈划分为五个圈层：①居住小区附近及周边，活动发生频次最多、满足基本需求的社区生活圈；②由若干个社区生活圈及共用的公共服务设施构成的基础生活圈；③以一日为时间尺度，包括工作地及周边设施，满足通勤及上下班过程中的各类活动需求的通勤生活圈；④以一周为时间尺度，以整个都市区为空间范围，以居民偶发性行为为主构成的扩展生活圈；⑤在快速交通以及信息技术的发展下形成的满足居民在城市群内进行休闲游憩活动的协同生活圈，其发生周期较一周更长。

与之对应，城市生活圈规划也有多个层次，每个层次都为居民在该圈层内发生的活动以及相关的需求服务。比如社区生活圈规划则要考察社区之间共享的基础设施和公共服务设施能否满足高于社区生活圈的活动需求，以及可达性如何；基础生活圈规划致力于在社区内及社区周边步行可达范围内满足不同类型社区中不同社会属性的人群日常生活的需求，比如购物、餐饮、就医、小孩上学等，并致力于提升居民对于社区的归属感和满意度；通勤生活圈规划在改善职住联系、减少过剩通勤的同时，也要关注工作地的设施配置可否满足通勤者的需求；扩展生活圈规划则将致力于改善都市区内各类活动中心（娱乐中心、购物中心、体育中心、休闲游憩中心等）的品质以及时空可达性，让城市居民均等、优质地享受不同类型、不同等级的市级中心服务。

目前，各市纷纷提出的“15 分钟生活圈规划”主要指的是第一个层次，即社区生活圈规划，这一方面是因为社区生活圈范围比较小，所涉及的活动等级不高、类型较为相似，相对好处理，也是其他生活圈规划的基础；另一方面社区生活圈与每个居民息息相关，对其进行改善可以有效提高居民获得感。近期关于社区生活圈规划的研究与实践已经从居民个体角度发现，不同居民行为特征不同，对生活圈内的设施配置、公共服务的需求不同，这是居住区规划所忽略的，也是生活圈规划实践未来要面对的挑战（孙德芳等，2012；程蓉，2018）。

需要注意的是，城市生活圈体系的划分是以行为作为基础的，因此在规划实践中具体的时间和空间的划分标准是相对的、具有弹性的、根据社区和人群特性而变的。目前很多研究和规划实践习惯于采用时间距离方法，将以社区为中心的 15 分钟步行可达范围作为社区生活圈边界（孙德芳等，2012；李萌，2017），这实际上是对于生活圈概念的理解偏差——既然生活圈是居民日常生活构成的空间范围，那应该包含了居民感知、精确的空间限制等信息，因此其范围不应该是所有社区统一标准的。一方面，生活圈应该也必须从居民行为数据和精确的位置数据中获得，而且划分的界限应该是弹性的区带，而不是固定的线。另一方面，目前对城市居民日常生活的模式预设中更多的是从有工作的青壮年个体角度考虑的，虽然这可能是城市中占比较多的人群，但是未来生活圈规划应该更多考虑城市弱势群体、边缘群体的需求。

3.1.3 时空间行为视角下的生活圈

基于时空间行为视角试图重新构建的城市生活圈，是指每一个城市居民以其居住地为中心向外扩展的，居民家外惯常的活动空间所占据的，呈现一定方向和距离特征与特有空间形态的，不同层级的生活空间范围。

从时间维度来看，生活圈的概念首先应该突出惯常性。惯常行为与目的行为不同，惯常行为是形成日常生活规律的关键（Kaptelinin et al.，1999）。以人为本的城市建设更应该探讨人的日常化、结构化，即关注无意识的、非探索性的、反复空间的经验行为（冈本耕平，2000）。

从空间维度看，生活圈的概念应突出表现居民的整日活动空间，应具备以下特点：首先，应由居民的整日活动轨迹构成。传统的半径圆、椭圆等反映出的生活空间，隐匿了居民真实生活内容，仅仅是几何图形的表达，但实际上城市生活圈应该反映出居民的全部活动与出行特征，所以要以居民的整日活动轨迹进行表达。其次，空间关系的复杂程度较高。从基于地方（Place-based）到基于人（People-based）的视角转换是时空间行为研究的一大趋势（Miller，2007；柴彦威等，2017）。城市生活圈并非是基于中心地的城市空间的“单元”，而是基于人的活动空间“范围”。因此，其空间关系呈现复杂性特征。不同的居住中心形成的生活圈，往往呈现重叠、嵌套等空间关系。最后，多尺度、圈层化的特征。按照不同活动在居民日常生活中的可达性不同、功能不同，生活圈会呈现出多个尺度、多个圈层，不同层级呈现嵌套关系。

根据上述特征，通过对居民日常行为规律的观察，依照不同类型的活动在日常生活中的重要程度、所需出行距离、交通方式等特征，居民的城市生活圈应划分为社区生活圈、通勤生活圈、扩展生活圈等圈层。

3.2 生活圈的概念体系

3.2.1 生活圈概念的分类

生活圈的理念将城市空间规划拉回到日常生活的本质上。生活圈是以微观或汇总的“生活”行为为基础的生活范围。其划定方法是基于“人”的可达能力，如区域尺度往往以一日可达范围进行划定，微观尺度则以认知范围进行划定。此外，生活圈不同于纯粹的行为空间或认知空间，而是可以落地于实体空间的概念，可以看作物质空间和行为空间的结合；在生活圈研究中，重视以生活圈的不同等级进行空间体系的构建。

从生活圈的概念分类来看，关注于城市功能活动范围的集合可以称之为“广域生活圈”。而在城市内部，关注个人日常生活范围的集合可称之为“城市生活圈”。在城市生活圈的概念之下，又可根据具体的日常生活活动进行细分：在社区内部及近邻的周边，形成社区生活圈；居民每日的通勤活动范围则构成通勤生活圈；居民偶发的购物、休闲活动又构成扩展生活圈。其中，社区生活圈是最基础的圈层，是指以居民的居住地为中心形成的，集中了大多数满足基本生活需求的日常活动的、近距离的生活空间范围（图 3-2）。

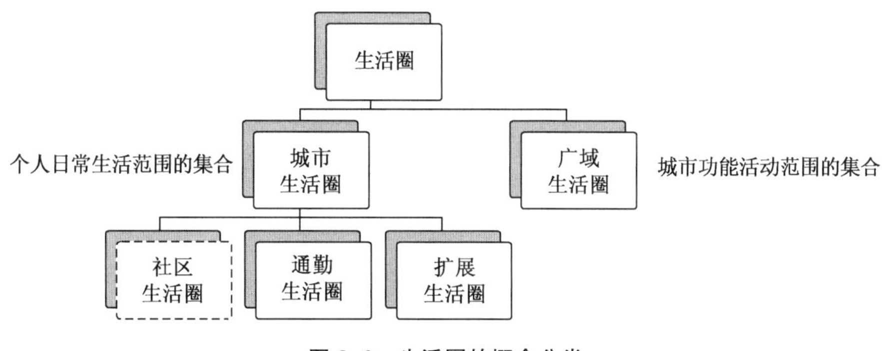

图 3-2 生活圈的概念分类

3.2.2 城市生活圈的概念体系

功能与可达性是划定城市生活圈的重要维度。首先作为与城市交通结构密切相关的居民出行特征，城市出行方式受到服务距离、出行目的、出行时间很大程度的影响（黄树森等，2008）。其中，步行在很多研究中被认为是反映社区建成环境的重要指标（Oakes et al.，2007；Cao，2010）。目前，我们看到很多的生活圈概念中也在强调“步行可达”的界定标准。此外，对于城市居民来说，工作活动属于满足其生存需求的活动，而由维持性活动和休闲活动构成的非工作活动则满足居民更高级层次的需求，因此它们对于居民的意义不同（Bhat et al.，1999），是区分非基本生活空间与基本生活空间的重要标准。

这里，我们将二者维度结合，以活动类型与出行方式作为反映功能和可达性的两个维度，对城市生活圈的结构进行剖析。因此，使用活动类型和出行方式两个维度，进行城市生活圈结构的分析。通过两个坐标轴，居民的整体日常生活将被划分为四个象限（图 3-3）。

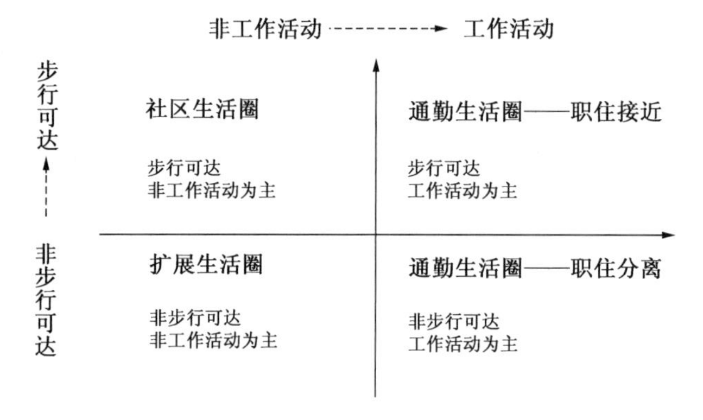

图 3-3 城市生活圈的解析维度

通过上述解析维度的交叉，即可得到城市生活圈的不同类型。

（1）社区生活圈。社区生活圈是生活圈的核心圈层。在居住空间附近，集中了大多数满足基本生活需求的日常活动，如生活必需品的购买、体育锻炼、在社区周边的休闲等。其空间范围涵盖社区周边的散步道、公园、便利店、诊所等，也包含与社区较近的公交站或地铁站。社区生活圈是若干个社区形成的联合体，因此内部又存在特定的微观结构，可进行空间圈层的细分，称之为基础生活圈。基础生活圈可以视作在每一个社区中居民活动空间范围（活动路径和活动地点）的集合，是各个社区中每一个个体居民生活圈的平均和汇总（图 3-4）。基础生活圈是城市生活圈体系中的“细胞”层级。

（2）通勤生活圈。通常情况下，工作地是居民除居住地之外的第二

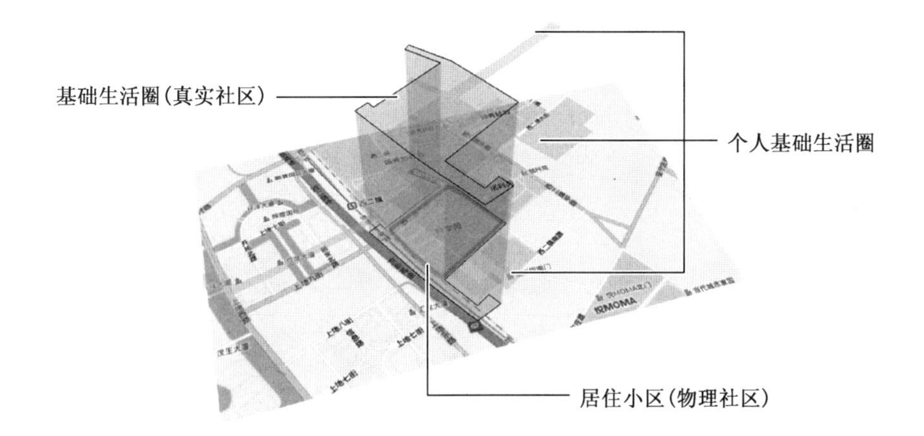

图 3-4 基础生活圈与社区的关系

大活动停留点。在固定的职住空间关系之下，通勤空间及与之密切关联的生活内容亦呈现一定的日常规律与特征。由于出行链现象的存在，通勤生活圈内发生的行为并非仅仅是通勤，还包括在通勤出行链上的关联活动，例如在工作地附近的就餐与购物。由于通勤生活圈内存在不同的通勤距离，因此还可以划分为职住接近的通勤生活圈（理想通勤生活圈）与职住分离的通勤生活圈。

（3）扩展生活圈。居民的偶发行为，如周末的远距离休闲购物等，会形成居民的扩展生活圈。由若干非固定的活动停留点决定其基本结构。从空间范围来看，扩展生活圈的到达范围有可能突破中心市区，到达远郊区。

为了对上述以两个维度进行生活圈划分的方法进行验证，此处采用了时空密度趋势面分析的方法进行四个象限时空特征差异性的研究。该方法以活动从家到工作地的距离为横轴，以一天内的时间为纵轴，以1 km 距离带、20 分钟时间段内的人均活动频次为竖轴，统计发生在连续距离带、连续时间段的人均活动频率，并绘制连续的三维曲面图，用以反映汇总层面居民整日活动的时空模式。

从分析结果来看，在采取步行出行方式、非工作活动为主的象限内，居民的活动大都集中在 1 km 范围之内，其时间分布基本接近于正态分布，同时轻微呈现双高峰的特征，可能与居民的出行节律相关，该象限是社区居民日常生活的基本部分，是居民的近家活动空间，因此符合社区生活圈的特点；在采取非步行出行方式、以工作活动为主的象限内，居民活动频次随距离而下降，时间上呈现明显的双高峰特征，该象限反映了当前城市居民最主要的通勤形式，符合职住分离型通勤生活圈的特点；在采取非步行出行方式、以非工作活动为主的象限内，居民活动的时空间分布都较为均匀，且时空跨度都大于其他象限，该象限反映了居民在较大距离范围、较长时间段内满足其购物、餐饮、休闲、就医等生活需求的现象，符合扩展生活圈的特点；在采取步行出行方式、以工作活动为主的象限内，反映的是一种职住接近的通勤生活圈模式，其理念可反映在“新单位主义”的实践模式中（柴彦威等，2016b）（图 3-5）。通过上述结论，即可以两个维度完成城市生活圈界定方法的自我验证。

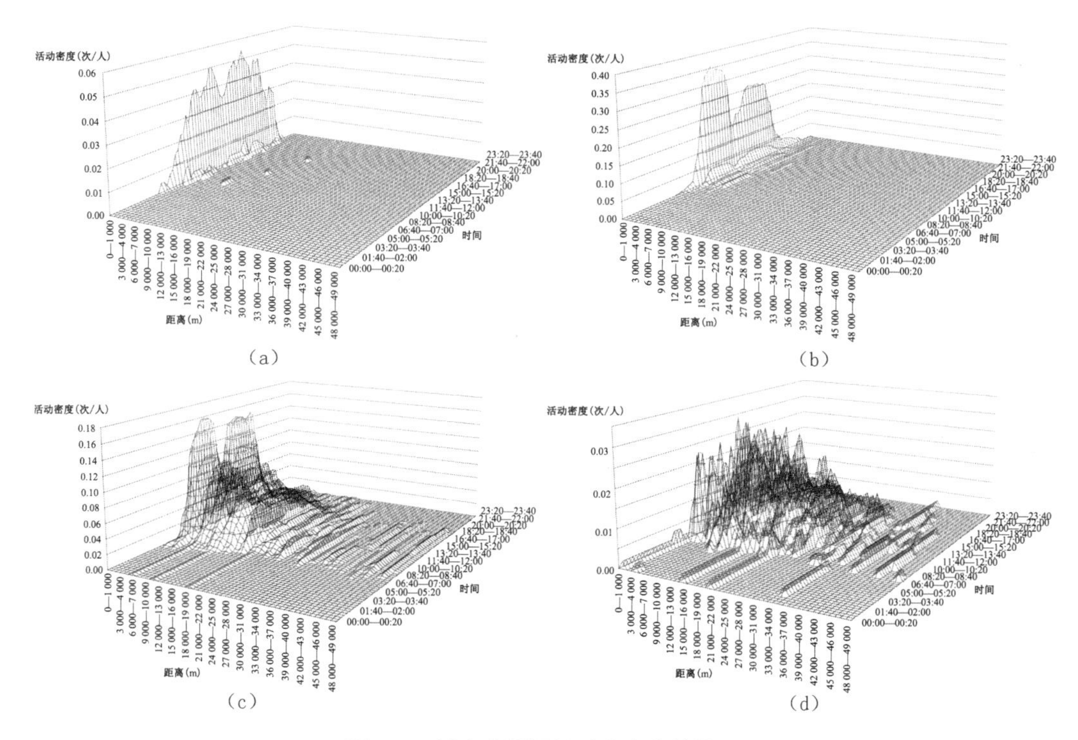

图 3-5　城市生活圈的时空密度趋势面

3.2.3　社区生活圈的概念体系

在上述形成的生活圈之中，社区生活圈是城市生活圈中的最核心圈层。首先，社区生活圈是满足基本生活需求的圈层，其活动构成应是高频次、弹性化的活动类型。其次，社区生活圈应在近距离内满足出行需求，所以其出行手段应处于大多数居民的出行能力制约之内。从其内容来看，社区生活圈的主要内容是维持性的活动和休闲性的活动，这一特征将社区生活圈与满足生存性的活动的通勤行为区别开来。最后，社区生活圈应是近距离步行的出行可达的空间范围，一般可以用步行出行行为进行刻画，这反映出社区生活圈空间作为个人日常生活空间中的核心圈层，是最为近便、最为基础的空间范围。社区生活圈具有如下特性：

首先，社区生活圈具有“地域共同体”特性。社区生活圈的本质是一种生活空间纽带。社区生活圈是为同一居住地域内的居民进行相似特征活动并发生社会关联提供场所的空间集合。因此，可以以每一个居民的社区生活圈进行叠加和汇总，得到社区居民的共同生活空间，从而反映一个社区的整体社区生活圈形态。

其次，社区生活圈并非是均质面域，而是活动点和停留点的集合。在对接社区服务设施配置的应用中，一般以出行时空距离定义生活圈的方法，其本质还是探讨服务半径问题，忽略了生活圈的内部日常生活结构。不同于传统的“商圈”理论，社区生活圈不存在“辐射范围”的概念。根据行为区位论可知，社区生活圈更多的是由活动点和停留点构成，而非是几何形态上纯粹表示范围的“圈”。在社区生活圈中，服务设施的聚集会形成社区居民生活活动的聚集，形成不同等级的路径、节点状结构（图 3-6）。

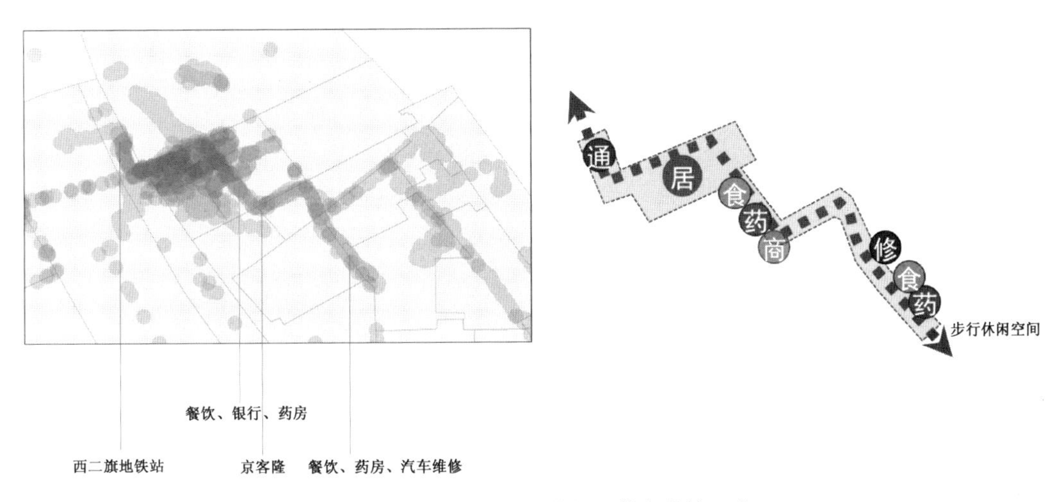

图 3-6　社区生活圈的路径、节点结构示意

由于上述特性，社区生活圈的细分结构具有复杂性。我们试图建立概念模型，对这种细分结构进行归纳演绎，提出社区生活圈之下的概念体系。在假设层面，从自足性和共享性的社区特征出发，考虑居民行为能力制约和活动类型下社区生活圈体系空间模式的假设。

在社区生活圈内部，又可细分为若干基础生活圈，每个基础生活圈内包含一个居住社区，由居民的出行和活动构成基本的生活圈结构。

基础生活圈是同时具有自足性和共享性特征的空间，其中自足性即基础生活圈依赖自我空间内的设施来满足其自身需求的程度，而共享性则是指基础生活圈中相互毗邻的内部单元是否发生重叠，以及在何种程度上发生重叠。自足性是城市社区满足某一社区居民自我日常生活基本功能的特性，是社区自我完善水平的体现。我国的传统社区建设模式，如单位大院，在很大程度上体现了社区自足性的要求。而共享性则是现代城市社区社会性的重要体现，是城市空间开放的产物。面向未来的城市社区空间设计与规划，基础生活圈的探讨亦具有重要意义。尤其是我国未来“街区制”的推广，不仅会带来空间形式的改变，而且会以空间形态的转变引发一系列的空间—社会—行为响应，形成社区结构的再组织、再发展，从而实现空间、生活、生态同步提升综合目标。当前的大部分学者从城市空间的“内渗”角度探讨社区公共化及私密性保护等问题，而基础生活圈的理念不仅从“自足”视角探讨内部生活结构的维系，而且有助于从“共享”视角理解社区空间的“外延”及其之下的应对措施。

从居民日常生活活动的分布规律来看，部分日常生活在社区内部完成，即自足部分。当社区内部设施无法满足使用需求时，居民转向使用社区外部的城市设施，其活动范围主要受到居民出行能力的制约而存在一定的边界。而其中又细分为主要面向本社区的公共服务设施和与其他社区通过共享而使用的公共服务设施，后者为基础生活圈中的共享部分。综合城市社区的物理边界、居民出行能力制约以及社区间共享关系等多种因素，将基础生活圈概括为三圈层的空间体系（图 3-7）。

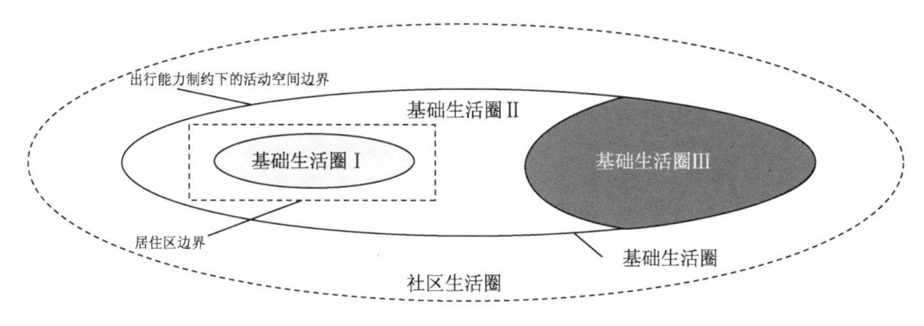

图 3-7　基础生活圈的层级模式

（1）城市社区自足性下的基础生活圈Ⅰ

社区自足性是社区内部空间满足居民日常生活需求的特性。城市社区的自足性是在社区居民固有时空制约下可达能力的结果，体现在日常生活中驻点间的接近程度上，较高的社区自足性体现着较低的时间成本，以及高自由度下的居民生活质量提升。因此，社区生活设施的自足性构建注重以居住地为核心“停留点”，缩短日常活动各“驻点”间的距离（李道增，1999；王兴中等，2000；于文波，2005；徐晓燕，2010）。自足性建设体现着当前城市空间紧凑集约的内在要求。

从中国城市的现实情况来看，传统单位社区是多功能的综合体，除了提供就业功能外，也提供其他类型的服务设施；从居民的设施利用情况来看，其在很大程度上存在自我依赖特征（Liu et al.，2015），因此，单位大院内部的空间本身是自足的。在单位社区转型后，单位制度的惯性仍然影响着城市居民的日常生活空间结构（张纯等，2009；柴彦威等，2010d），自足性特征作为单位特征的一部分被遗留下来。新建的城市社区尽管考虑融入城市公共服务设施体系，但在追求建设效率的目的下，“一次性”“静态性”“自足性”的建设模式仍然是其主要特征（徐晓燕，2010）。

居住区边界是区分自足空间与非自足空间的重要分界线。在居住区边界内部，服务设施主要面向本社区居民服务，包括小规模的商业服务设施、休闲娱乐设施和体育设施等。居民的部分购物、就餐、休闲、体育锻炼等活动在社区内部集中，从而形成基础生活圈体系中的最内层，称之为基础生活圈Ⅰ。

(2) 社区居民出行能力制约下的基础生活圈Ⅱ

基础生活圈的形成是居民出行能力制约下，活动空间在近家范围集中的结果。因此，基础生活圈的范围体现着社区居民的可达能力。在生活圈最大边界的界定中，出行时间、出行距离等是传统的考察指标[①]（刘瑛，2011）。除此之外，出行方式是划分基础生活圈的重要依据，有研究表明，老年人等的活动范围以社区周边步行可达范围为主[②]。此外，在众多的研究中，步行可达范围被认为是用以反映社区建成环境的空间范围（Oakes et al.，2007；Cao，2010）。

出行能力制约还体现为居民的出行性质。以工作为目的的出行和其他目的的出行具有明显的区别，工作活动属于满足其生存需求的活动，因此更倾向于克服制约进行出行，而由维持性活动和休闲活动构成的非工作活动则满足居民更高级层次的需求，更倾向于在可达范围内进行出行，非工作活动是用于定义基础生活圈的重要方面（Bhat et al.，1999；孙道胜等，2016）。

在步行可达范围之内，社区周边活动场站、商业服务设施、幼儿园、卫生服务站等提供基本服务的设施，主要服务对象为社区内部居民，满足居民基本购物、就餐、入托、就医等日常生活需求，形成基础生活圈体系中的中间圈层，称之为基础生活圈Ⅱ。

(3) 城市社区共享性下的基础生活圈Ⅲ

从活动空间上来看，社区的共享性是指多个社区的社区居民之间对同一个设施或相同城市空间共同使用的特性。社区并非是孤立的空间，而是与其他社区呈现高度关联的状态。从单个社区与全部社区构成的城市空间的关系上来看，其生活空间本质上不存在“相隔离的边界”，也不应存在“地域范围和文化的隔离、对城市空间格局的分割以及对公共资源的私有化”[③]。此外，社区的资源共享被认为是解决城市社区配套设施利用率低下的途径之一[④]，社区间应该实现互通的开发，通过连通、共享、互补和综合取得自足和共享之间的平衡（大卫·沃尔特斯等，2006；徐晓燕，2010）。

以“中心地”的视角对共享性进行解读，在社区所在区域中，服务能力较强的公共服务设施所在区域是高级中心地，而每个社区内主要面向本社区服务的设施是低级中心地，高级中心地的服务范围涵盖低级中心地的服务范围，即涵盖每个社区独自形成的基础生活圈。因此，中心性较高的公共服务设施成为周边几个社区所共同使用的区域。

多个社区的基础生活圈在综合管理服务设施、大型商业服务设施、交通枢纽、学校、卫生服务中心等设施集中布置的区域形成叠加现象，多个社区的居民共同使用这些设施，满足外出办事、高等级购物、交通出行、就学、就医等较高级的日常生活需求，形成生活空间的共享核心。通过共享形成的基础生活圈层称之为基础生活圈Ⅲ。

3.3 生活圈的空间规划层级

生活圈作为一种弹性的城市空间概念，往往难以确定精准的空间边界。但是在规划实践之中，必须要具备可操作性的实体空间概念，才能实现相关规划措施的落地。因此，有必要将生活圈的空间体系与城市的实体行政单元、规划实施单元进行对应，以及与相关空间单元所采用的规划类型进行对应，从而加速生活圈规划纳入现有的法定规划体系之中。以北京市现行的国土空间规划体系为例，对照北京市《关于建立国土空间规划体系并监督实施的实施意见》，我们梳理了生活圈概念体系中各层级的生活圈的空间对应关系（表 3-2）。

表 3-2　生活圈的空间规划层级

<table>
<tr><th colspan="2">生活圈概念体系</th><th>对应行政单元</th><th>规划实施单元</th><th>规划类型</th></tr>
<tr><td rowspan="3">基础
生活圈</td><td>基础生活圈Ⅰ</td><td rowspan="3">社区居委会</td><td rowspan="3">地块、项目</td><td rowspan="3">城市设计、详细规划
（综合实施方案）</td></tr>
<tr><td>基础生活圈Ⅱ</td></tr>
<tr><td>基础生活圈Ⅲ</td></tr>
<tr><td colspan="2">社区生活圈</td><td>若干个社区居委会</td><td>街区</td><td>详细规划（街区指引、
街区控制性详细规划）</td></tr>
<tr><td rowspan="2">城市
生活圈</td><td>通勤生活圈</td><td rowspan="2">街道办事处、
行政区、城市</td><td rowspan="2">行政区、分区规划单元</td><td rowspan="2">城市总体规划、
分区规划</td></tr>
<tr><td>扩展生活圈</td></tr>
<tr><td colspan="2">广域生活圈</td><td>城市、城市群</td><td>—</td><td>城市总体规划、
区域协同发展规划</td></tr>
</table>

3.3.1 基础生活圈的空间规划层级

根据上文的概念构建，基础生活圈为每一个社区各自生成的空间结构。因此在行政单元上，基础生活圈大致与社区居委会的管辖范围相同。由于社区居委会是基层群众性自治组织，因此也是规划落实的末端主体。在本书中，实证研究的开展需要以数据采集为基础，而数据采集是以居住小区为单位而进行的，在研究案例区域中，居住小区与社区居委会基本上是一一对应的关系。在规划实施单元上，基础生活圈的规划对应的实施单元为社区所在的地块或项目范围。其所对应的规划类型有以下两个方面：

（1）城市设计。主要确定基础生活圈的空间格局、空间形态、环境品质、建筑（群）空间、街道界面、功能空间等。

（2）建设项目规划综合实施方案。主要依照社区生活圈、基础生活圈的规划要求，指导基础生活圈的具体落实，包括技术路径、实施方案、建设时序等的具体安排。

3.3.2 社区生活圈的空间规划层级

社区生活圈由若干个基础生活圈组合而成，因此在与行政单元的对应关系上，等同于若干个相邻的社区居委会的管辖范围。根据北京市《新城控制性详细规划（街区层面）编制技术要点》，在详细规划之中，街区的划定在以道路作为分界线、具备某些特定功能为划分标准之外，还应与社区行政管理分区尽量一致，以便于规划管理，其规模为 2—4 km^2。从其划分方式、行政结构、空间规模来看，与社区生活圈的空间等级基本一致。其所对应的规划类型有以下两个方面：

（1）街区指引。主要将社区生活圈规划与全市层面的规划要求进行衔接，通过社区生活圈规划体现和落实城市总体规划、分区规划等上位规划中的用地与建筑规模等指标，并落实各类公共服务设施、市政设施、城市安全设施的规模、数量、等级、空间位置等内容。

（2）街区控制性详细规划。主要在社区生活圈内部，在地块深度上统筹分解街区的整体指标及规划内容，对其进行细化落实。

3.3.3 城市生活圈的空间规划层级

在社区生活圈之上，城市生活圈还包括通勤生活圈和扩展生活圈。这两类生活圈往往具有多尺度的特征，可大可小，但通常需要在多个社区、街道甚至行政区之间进行统筹协调。从其规划实施单元来看，可以包括行政区、分区规划单元等。其所对应的规划类型主要为城市总体规划和分区规划。主要通过通勤生活圈、扩展生活圈的划定和协调，调整、优化城市局部的功能定位，落实生态空间规划、产业空间规划、生活空间规划的方案，加强三生空间联系，并为综合交通等基础支撑和保障的方案制订提供方式与渠道。

3.3.4 广域生活圈的空间规划层级

在生活圈概念体系中，广域生活圈是最高层级的生活圈概念。广域生活圈规划的开展需要在城市以及城市群的尺度上开展。其所对应的规划类型主要为城市总体规划和区域协同发展规划。以广域生活圈为统筹，优化区域的空间功能分布，制订区域交通联系方式与格局，确定重要公共服务设施的配置与共享模式，形成区域职住平衡发展路径。

第 3 章注释

① 参见：《核心区半小时生活圈开始成型》，《湘潭日报》，2008 年。

② 参见谢亚梅：《深圳社区老年人社群性户外活动空间规划设计研究》，硕士学位论文，哈尔滨工业大学，2015。

③ 参见卢慧、周均清：《基于多元化公共空间的共享社区建设思考》，中国城市规划学会国外城市规划学术委员会及国际城市规划杂志编委会 2009 年年会论文，2009。

④ 参见张杰：《基于资源共享视角下的住区开放性研究》，硕士学位论文，西安建筑科技大学，2013。

4　自足与共享视角下的社区生活圈划定

在以往的行政管理和城市规划实践中，社区往往被视作“基本单元”，社区空间也被认为是不可再分割的“城市细胞”，通常是以单一的边界进行分割的操作实体。一方面，这导致对社区的内部空间结构缺乏考虑，形成空间上平均化的规划方案，如采取“千人指标”“服务半径”等单一规划方法；另一方面，因为较少考虑与其他社区之间的关联，而容易出现区域协调较差、效率低下、重复配置、过度建设等问题（徐晓燕等，2010）。归根结底，这种操作方法仅仅将社区概括为不注重内部结构的“质点”，而非是具有丰富空间结构的“面域”。

社区生活圈理论突破了行政边界的桎梏，依照社区居民的真实生活空间进行社区的空间再界定（孙道胜等，2016）。在生活圈的视角下，社区空间不再是均一的单元，而是圈层化的空间体系，不同的圈层对于社区居民的日常生活意义有所差异。对于这种空间结构的细分，亦可以从偏重于内部结构的“自足性”视角和偏重于外部关联的“共享性”视角进行把握。

在城市社区规划中，由于社区通常被视为互相独立的结构，因此容易出现就社区论社区的现象。然而，从社区规划中社区服务设施配置的实际操作上来讲，由于个体移动性的上升，以及需求结构的复杂化和多样化，社区边界的划分与生活空间并非完全一一对应的关系——日常生活空间通常超出本社区范围，而且事实上也不可能在一个社区内就能满足社区居民所有的生活需求。因此，就社区而论社区显然已经不能满足社区规划的空间要求，必须在更大范围内寻求服务设施的供需平衡。另外，我国的社区规模划定的实际情况与理想的标准多不相符，导致各个社区之间在人口数量、空间面积等方面皆存在差异性，导致部分社区达不到社区规划的规模要求，而部分社区却已经超出社区规划的适用标准。如果强行按照同一标准在每个社区中进行单独规划，必然会导致规模小但质量较差的或规模过大运行效率低下的服务设施的存在。“连片建设”的模式要求将邻近社区相结合，使之形成规模相近、适中的组团，进行联合规划。

无论是从社会学意义方面还是从实际空间联系方面来看，社区之间都是高度关联的状态，在相互毗邻的若干社区之间，由于活动空间、设施利用类型、生活习惯等相近，容易形成一个有机整体。以多社区为对象开展设施配置规划，更有利于在减少重复配置和过度建设的前提下，满足居民的日常生活需求，提高设施配置的效率。但如何厘清社区之间的关联关系，学界尚缺乏行之有效的定量分析方法。因此，本书在社区生活圈理论的指导下，探讨基础生活圈之间的空间组合模式，以社区与社区之间通过时空间利用而产生的关联与共享，构建新的社区生活圈空间体系，以进行更大尺度的协同式规划。

4.1 研究区域与数据

4.1.1 研究区域

从宏观区位来看，北京因为其独特的政治、社会、经济、文化的过渡特征，呈现出多元并存的局面，由于城市社区对城市功能的依附，这种局面影响和制约了北京城市社区的类型、性质及时空发展过程[①]。北京城市社区呈现类型多样、多元共存，新兴社区增长快，传统社区衰退，日常生活空间失衡趋势加剧的特征。

从微观区位来看，为了能够使生活圈研究的试验地更具北京城市社区的代表性，本书所选取的清河街道具有在北京的快速郊区化中产生、居住活力较强、建成环境较为统一，而又能够反映出一定的社区间差异、以现代封闭式城市小区为主要建筑形式的特点。从研究对象选取的结果来看，清河街道是具有一定城乡接合部特征的区域，一方面已经具有较为稳定和成熟的社区生活圈结构，另一方面和鳞次栉比的内城社区相比，其生活圈结构也更容易进行清晰的刻画。此外，就规划实践的角度而言，清河街道的设施配置不尽完善，便于对其进行评估和优化（图4-1）。

从建设历史来看，清河地区曾是老工业区，地区内包括长城润滑油集团、清河毛纺厂、清河制呢厂等单位。在20世纪50年代到70年代，计划经济主导的工业化与生产力布局，推动了该地区工业用地的扩张和城镇人口的增加，附属于工厂的单位大院成为主要的居住空间，而服务设施则以单位大院的内部配套为主；而进入80年代之后，在北京市的快速郊区化之下，伴随着居住区改造和小区建设以及周边信息产业的刺激，市内人口外迁，清河街道的居住需求上升，服务设施需求上升；90年代以来，尤其是2000年之后以大型房地产商的商品房综合开发为推

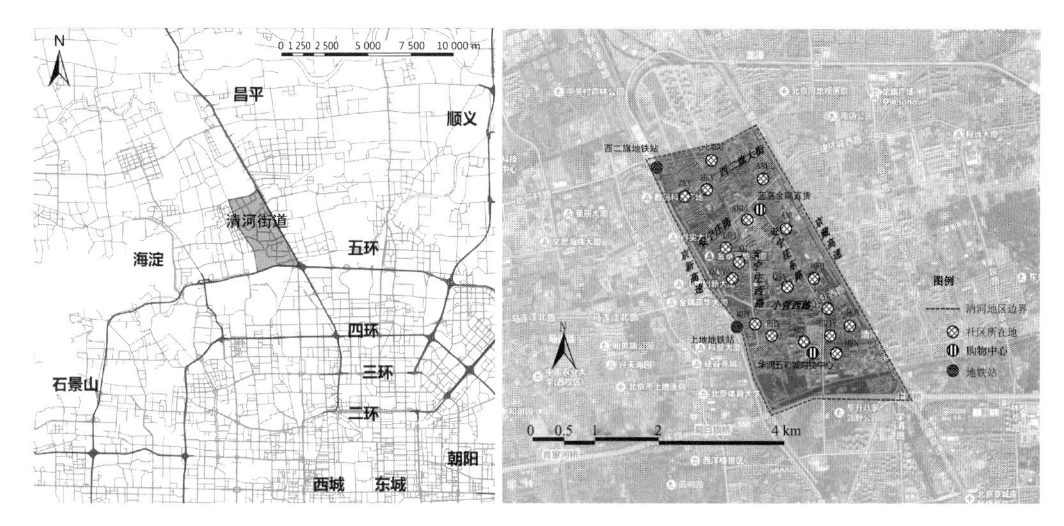

图 4-1　社区生活圈研究的案例地——北京市清河街道

注：ANBL 即安宁北路社区；ANDL 即安宁东路社区；ANL 即安宁里社区；DDJY 即当代城市家园社区；HQY 即海清园社区；LDJY 即力度家园社区；LXGG 即领秀硅谷社区；MFB 即毛纺北小区社区；MFN 即毛纺南小区社区；MHY 即美和园社区；MKY 即铭科苑社区；QSY 即清上园社区；RHY 即长城润滑油社区；XFS 即学府树社区；XH 即宣海家园社区；YG 即阳光社区；YMJY 即怡美家园社区；ZXY 即智学苑社区。

动力，城市商品房社区快速崛起，服务设施开始逐步市场化；2004 年之后，该地区开始全面进行市政基础设施建设和服务设施建设，安宁庄东路、安宁庄西路等建设工程以及小区配套道路打通，对清河商贸圈的形成起到了促进作用，从最初以一般消费层面的商业服务设施，如超市发等综合性超市、金五星和清河百货商场等综合商场、小营农贸市场和二炮农贸市场两处农贸市场，以及部分餐饮设施等，发展至 2007 年的蓝岛金隅百货，形成大型生活型百货店，以及 2011 年华润五彩城购物中心建成，这里成为清河地区体量和服务容量最大的商业中心。

由于该区域经历了从农用地到城市建设用地的急速转变，因此其城乡接合部特征明显，市政基础设施较为落后和薄弱，最初除小营西路实现规划以外，大部分道路为自建道路，市政基础设施一度极为匮乏。总体而言，商场、超市、农贸市场比较成熟，社区居民文化体育场所较为齐全。在商业服务设施方面，清河街道有一定的商业基础，但分布零散。

4.1.2　研究数据

随着近年个体全球定位系统（Global Positioning System，GPS）数据与活动空间分析方法的不断成熟，社区尺度精细化的时空分析成为可能（Schönfelder et al.，2003；Yin et al.，2013；黄潇婷等，2010）。本书共选取清河街道18个以居委会管辖范围所划定的社区作为研究对象（表4-1），通过社区居委会，以家庭为单元选取样本，于2012年开展了“北京居民日常活动与交通出行调查”，进行了时空行为数据的采集调查，包含了社区居民的社会经济属性、一周之内的活动日志、一周之内的GPS数据。近年来，北京大学时空行为研究小组以该数据为基础，面向社区生活圈规划的研究要求，在城市居民休闲行为、居民出行弹性、家内外时间分配等方面进行了大量前期的探索（桂晶晶等，2014；陈梓烽等，2014a，2014b）。除行为数据之外，本书还采用了研究区域内的兴趣点（Points of Interest，POI）设施数据。

表4-1　生活圈研究案例社区及调查有效样本

案例社区名称	社区类型	总样本数（个）	社区生活圈测度样本数（个）	案例社区名称	社区类型	总样本数（个）	社区生活圈测度样本数（个）
安宁北路社区	单位社区	16	13	铭科苑社区	政策房社区	14	11
安宁东路社区	商品房社区	11	8	清上园社区	商品房社区	18	14
安宁里社区	混合社区	23	8	长城润滑油社区	单位社区	14	12
当代城市家园社区	商品房社区	33	18	学府树社区	商品房社区	25	17
海清园社区	单位社区	32	26	宣海家园社区	单位社区	18	13
力度家园社区	商品房社区	22	18	阳光社区	混合社区	19	10
领秀硅谷社区	商品房社区	34	16	怡美家园社区	商品房社区	8	3
毛纺北小区社区	单位社区	10	7	智学苑社区	政策房社区	22	12
毛纺南小区社区	单位社区	36	29	合计		372	242
美和园社区	政策房社区	17	7				

（1）活动日志调查问卷数据

活动日志是指样本在网上记录一天24小时的活动与出行。在本书中，所采用的问卷数据包括两个方面：被调查者及家庭的基础信息问卷，用以调查样本的社会经济属性；被调查者一周活动—出行日志问卷，用以确定样本一周7天×24小时的活动与出行状况。其中，基础信息问卷为调查前三天登录调查网站填写，依次录入个人基本信息、家庭成员基本信息、住房信息、车辆信息、惯常活动信息和信息通信技术（ICT）使用习惯信息等；活动—出行日志问卷包括一周内每天24小时连续的活动和出行情况，活动信息包括每次活动的起始时间、终止时间、活动所在地的设施类型、活动类型、同伴、互联网使用、满意度评价、弹性，出行信息包括每次出行的起始时间、终止时间、交通方式、同伴、互联网使用、满意度评价、弹性、陈述性偏好调查。活动—出行日志问卷所调查的出行与活动类型如表 4-2 所示。

表 4-2 活动—出行日志问卷调查主要项目

日志项目	01. 活动　02. 出行
活动类型	01. 睡眠　02. 家务　03. 用餐　04. 购物　05. 工作或业务　06. 上学或学习　07. 遛弯　08. 体育锻炼　09. 接送家人/朋友等　10. 社交活动　11. 外出办事　12. 娱乐休闲　13. 联络活动　14. 个人护理　15. 照顾老人与小孩　16. 上网　17. 看病就医　18. 外出旅游　19. 其他
活动地点	01. 家　02. 学校　03. 亲朋家　04. 工作地点　05. 休闲场所　06. 服务场所　07. 商店　08. 餐馆　09. 其他
出行方式	01. 步行　02. 私人小客车　03. 单位小客车　04. 客货两用车　05. 货车　06. 摩托车　07. 地铁/城际列车　08. 公交车　09. 出租车　10. 单位班车　11. 校车　12. 黑车/摩的　13. 自行车　14. 电动车　15. 其他

（2）个人全球定位系统数据

GPS 数据来源于发放给样本的 GPS 设备。被调查者在调查过程中被要求全天携带定位设备，该设备可以每 30 秒记录一次样本所在地点的 1954 年北京坐标系之下的地理坐标信息，定位设备每隔一定时间就会将采集到的定位信息上传至调查后台（图 4-2）。

图 4-2 被调查者的 GPS 轨迹示意图

（3）城市服务设施兴趣点数据

社区生活圈的多源数据整合不仅包含微观行为数据，为使该研究的指向能够落实到城市服务设施的调整层面，使其更具规划应用价值，本书还引入了 POI 设施分布数据，以便反映现有建成环境中的设施分布情况。POI 数据即“兴趣点”数据，每条 POI 数据包含设施名称、类别、经纬度等信息。本书中所采用的 POI 数据来源于百度地图数据，由于直接采集的经纬度数据经过加密处理，其坐标系统与大地坐标系存在偏差。由于该加密过程不可逆，因此在地理信息系统软件（ArcGIS）中通过空间校准的方法进行校正，得到近似于大地坐标系下的经纬度数据。依照不同设施对于社区日常生活中活动以及出行的影响，此次采集的 POI 包括六大类，有购物、休闲、餐饮、教育、医疗以及交通设施（表 4-3）。

表 4-3 面向生活圈研究的 POI 设施分类

设施类别	具体设施
购物	购物中心、商铺、超市、便利店、集市、家电数码、蛋糕甜品店
休闲	酒吧、洗浴按摩、公园、美甲、美发、茶座、KTV（指配有卡拉OK和电视设备的包间）、休闲广场、亲子教育、健身中心、文化宫、歌舞厅、网吧、电影院、体育场馆
餐饮	中餐厅、外国餐厅、小吃快餐店、咖啡厅
教育	中学、高等院校、小学、幼儿园、科研机构、成人教育机构、特殊教育学校、培训机构
医疗	诊所、药店、体检机构、疾控中心、综合医院、急救中心、专科医院
交通设施	公交车站、地铁站

4.2 自足与共享视角下的基础生活圈划定思路

本章总体上采用“理论提出—数据验证”的研究思路。理论提出层面，采用前一章中所提出的“基础生活圈Ⅰ、Ⅱ、Ⅲ”的概念模型；数据验证层面，利用个体 GPS 数据，构建“集中度”“共享度”指标分别反映社区的自足性与共享性特征，以栅格化的空间单元为研究对象，进行每个栅格的指标计算，通过临界值的选取，实证地划分基础生活圈层，对基础生活圈体系空间模式的假设进行验证（图 4-3）。进而通过聚类的方法，基于上述指标对基础生活圈进行聚类，将全部研究区域划分为若干社区生活圈。

4.3 基础生活圈界定的活动空间方法基础

如前文所述，生活圈的形成从本质来看是人的行为选择的结果，而活动空间是空间行为中的最终环节（Jakle et al.，1985）。因此，生活圈的行为选择显性表现为活动空间。

4.3.1 活动空间与基础生活圈的关系

戈利奇（Golledge）在阐述行为空间的组成时提出了活动空间的概念，将其定义为日常活动模式在地理空间上的投影，涵盖日常活动直接接触到的环境的集合。活动空间与行为空间相关但又有所区别。行为空

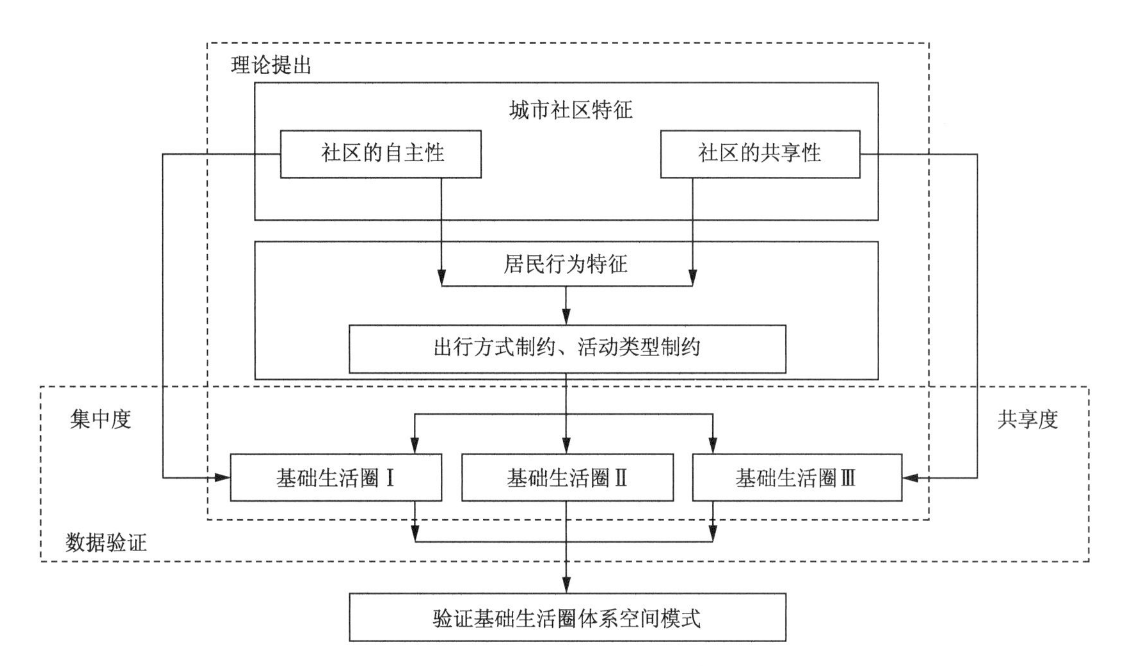

图 4-3　基础生活圈界定的假设—演绎研究路径

间注重表达个体通过感知效用与其环境之间的整体互动作用，以及个体在环境中的行为反馈，即行为空间注重划定个体熟悉并与之产生互动的场所和空间。而活动空间则是行为空间的“运动组成部分”，是所有与个体有直接接触的场所的“子集”，而这种接触是其日常活动的结果，即活动空间代表了个体和社会物质环境之间的直接联系（Lloyd et al.，1998），反映着个体的日常移动性（Sherman et al.，2005）。

而活动空间方法是对基础生活圈最直接的可视化的呈现，也是对基础生活圈开展空间分析的基础。以活动空间方法精细刻画基础生活圈的时空范围，并借鉴最新的方法进展对基础生活圈内部开展精细化的分析，反映其真实的时空结构，并为基础生活圈空间体系的划分等提供依据。

4.3.2　活动空间界定方法及问题

活动空间的概念存在潜在活动空间、现实活动空间两类[②]，前者更多地表现为机会空间，后者则更注重表达现实的个体移动性。活动空间的概念框架提出之后，在很长一段时间中缺乏实证研究，因此缺失可操作的空间表达方法。个体的 GPS 数据出现之后，对活动地点的刻画更加真实，结合客观的个体数据，活动空间的测度方法开始不断发展完善。活动空间的测度方法总体上经历了从简单几何方法的描绘，走向与

GIS空间分析技术相结合的发展方向，并在近年来开始采用更加精细化的分析单元。

在几何方法方面，纽瑟姆等（Newsome et al.，1998）以时间地理学的棱柱概念为基础，提出了椭圆的活动空间表示方法，其中以活动地作为椭圆焦点，将椭圆长/短轴之比等几何特征与活动地点、时空制约等信息相对应，并将其应用于城市出行特征的描绘，该研究首次将活动空间与城市实体空间进行对应，并提供了可量化的研究范例。范颖玲等（Fan et al.，2008）则提出用活动地点围合成最小凸多边形，展现个人实际达到的活动空间范围。此外，借助GIS分析平台，几何图形表达还包括最短路径生成的缓冲区、核密度计算并提取临界值等方法（Schönfelder et al.，2003）。此后，很大一部分关于实证空间的研究都是围绕几种方法之间的测量效度而开展的（Schönfelder et al.，2003；Sherman et al.，2005；Rainham et al.，2010；Kamruzzaman et al.，2012）。从其研究主题来看，从最初单一的社会经济属性影响因素的分析，逐渐与社会排斥等主题进行应用结合，此后，面向设施可达性、城市形态、城市交通的公平性、特定人群健康等具体应用方向，为城市规划、城市交通规划、城市公平促进等提供了研究支撑（表4-4，图4-4）。

表4-4 活动空间的界定方法

年份	研究者	采用方法	研究主题
1998	纽瑟姆等（Newsome et al.）	椭圆	活动空间的社会经济属性影响因素
2003	肖恩菲尔德等（Schönfelder et al.）	椭圆、核密度、最小生成树（最短路径）缓冲区	社会排斥
2005	谢尔曼等（Sherman et al.）	椭圆、最小路径缓冲区、多边形	卫生设施可达性
2008	范颖玲等（Fan et al.）	多边形	城市形态、个人空间足迹及出行行为
2010	雷纳姆等（Rainham et al.）	椭圆、多边形、核密度	场所与健康
2012	卡姆鲁扎姆等（Kamruzzaman et al.）	半径圆、椭圆、多边形	交通弱势现象
2013	尹力等（Yin et al.）	多边形	青少年体育活动
2016	勒巴赫等（Loebach et al.）	栅格	儿童活动空间

（a）椭圆法　　（b）核密度法　　（c）最短路径缓冲区法

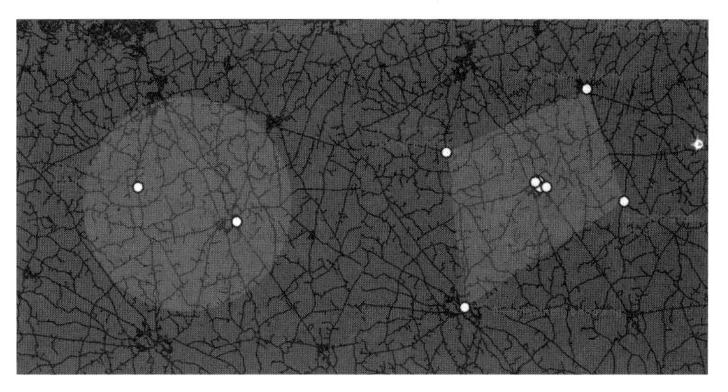
（d）半径圆法　　（e）最小凸多边形法

图 4-4　活动空间的几何图形表示方法

上述分析方法将概念上的活动空间与实体空间进行对应，为活动日志所获取的外显行为的分析提供了很好的媒介。然而，这种对空间的概括存在一定的问题：首先，从空间表达上来看，除核密度法外，其他分析方法并不是真实空间的呈现，往往包括个体并不到达的空间范围，其空间面积总体上是扩大化的，不能反映个体真实的空间环境接触范围；其次，从其特征的量化分析来看，往往以某一几何指标（如面积、离心率等）进行概括，尽管能够在一定程度上反映总体特征，并通过统计检验，但不能反映活动空间的真实活动分布情况，包括空间位置以及时间分配；最后，几何方法不能展现生活圈内部的具体结构。

4.3.3　基于栅格的活动空间界定

为了解决上述问题，有必要建立更加细致的分析单元。勒巴赫和吉利兰（Loebach et al.，2016）等在基于 GPS 数据的儿童活动空间的研究中，首次提出利用 GPS 数据栅格化的方式进行活动空间的测度，在其研究中，以 GPS 的点数作为活动时长的反映，从而对栅格进行赋值，并在此基础上运用地理信息系统（GIS）成本距离工具，进行儿童活动空间最大路径距离（MPD）的分析。该方法将栅格作为空间分析计算的单元，为更加精细地分析空间特征提供了借鉴（图 4-5）。

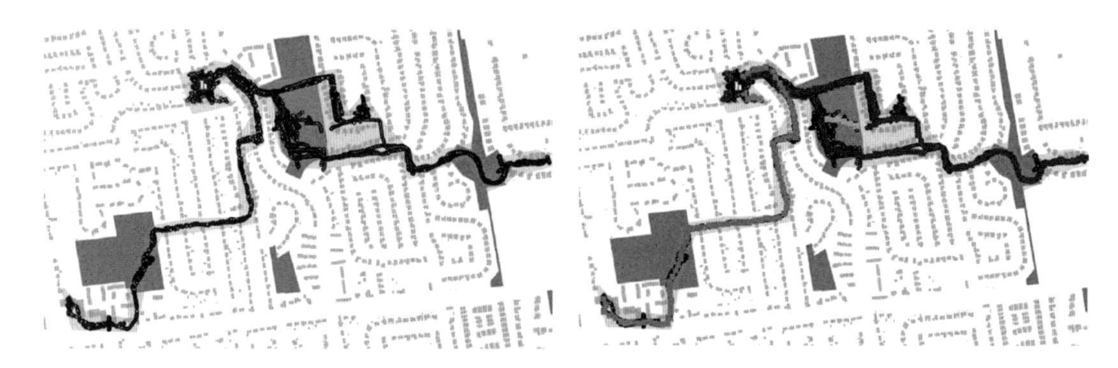

图 4-5　基于 GPS 栅格化的最大路径距离测定

4.4　基础生活圈界定的核心指标构建与测算

4.4.1　基础生活圈的空间范围划定

结合前述生活圈概念，筛选每一个社区居民家周边的步行、非工作活动（包括用餐、购物、遛弯、体育锻炼、社交活动、外出办事、娱乐休闲、联络活动、个人护理、看病就医、外出旅游）及其相关出行，用以刻画基础生活圈。根据 GPS 数据的采集密度和空间连续性效果，借鉴国外学者勒巴赫等（Loebach et al.，2016）在研究儿童社区活动空间（NAS）中将 GPS 点数据转换为栅格数据的方法，在空间上建立 50 m×50 m 的栅格网。在该栅格网中描绘基础生活圈的时空范围。

研究采用从个体到群体汇总的视角。社区是居民日常生活的共同体，单个社区所形成的基础生活圈是每一个居民个体行为汇总的结果。通过个体的基础生活圈界定，反映基础生活圈最微观的结构；通过社区所有居民的汇总，消除个体居民之间由于社会经济属性、日常行为习惯、时空制约等差异性所带来的规律性的干扰。

研究维度方面，在空间界定的基础上加入时间维度的考虑。传统的活动空间研究往往采用简单的几何图形进行表达，在考察的指标上也仅仅采用面积、椭圆的离心率等简单指标进行概括，而不注重活动空间内空间的真实使用情况。而本书通过统计每个栅格内 GPS 点数和活动日志中的时长所反映的时间量，对每一个栅格进行赋值，来反映居民在基础生活圈中活动的真实分布。

（1）个体层面的基础生活圈时空范围

在个体层面上，统计个体居民样本在每一栅格中一周 7 天的每日平均活动时长，其中工作日和休息日按照天数进行权重计算，即

$$T_i = (5A_i/a + 2B_i/b)/7 \tag{4-1}$$

其中，T_i 为栅格 i 的日均活动时长；A_i 为个体所有工作日在栅格 i 内花费的总时长；B_i 为个体所有休息日在栅格 i 内花费的总时长；a 为观测到的工作日天数；b 为观测到的休息日天数。

图 4-6（a）为以毛纺南小区社区某居民的 GPS 数据进行栅格化之后所反映的基础生活圈形态。栅格值越高代表该居民在该栅格内花费的日均时长越长。

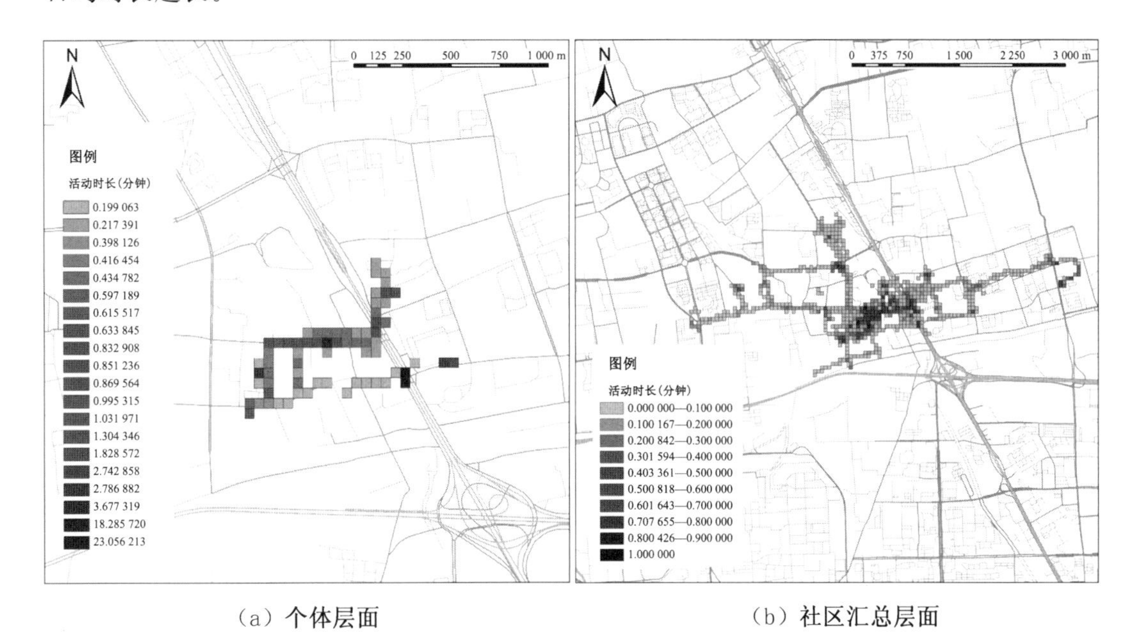

（a）个体层面　　　　（b）社区汇总层面

图 4-6　毛纺南小区社区个体层面和社区汇总层面的基础生活圈形态

（2）社区汇总层面的基础生活圈时空范围

在每一个社区中，将所有社区居民样本的个体基础生活圈进行叠加，计算平均值，得到社区汇总层面的基础生活圈，其栅格值 τ 的计算方法为

$$\tau_i = 1/N \sum_{n=1}^{N} T_{in} \tag{4-2}$$

其中，τ_i 为栅格 i 的人均每日活动时长；T_{in} 为栅格 i 内该社区第 n 个样本的日均活动时长，n 的取值范围为 1 到 N；N 为该社区的有效样本数。

图 4-6（b）为以毛纺南小区社区为例的汇总层面的基础生活圈形态。就一个社区而言，基础生活圈的空间范围除占据社区实体边界以外，还沿街道向周围延伸，涵盖周边部分地块。而栅格的时长呈现由内向外逐渐缩短的特征，但在公共服务设施分布较为集中的区域存在一些具有较高值的栅格。

为了反映基础生活圈的自足性特征和共享性特征，首先构建栅格网，以栅格为基本单元，界定生活圈的空间范围。其次构建“集中度”和“共享度”指标，以基础生活圈内的栅格为分析对象，通过指标测算，以选取临界值的方式进行基础生活圈层的划分。

4.4.2 基础生活圈集中度指标构建及测度

本书提出的集中度是指基础生活圈中某空间单元（栅格）向基础生活圈中心集中的程度。通过对基础生活圈中每一个栅格的集中度的计算及比较，可以筛选出集中度较高的单元，来区分出基础生活圈中的自足性部分。集中度的构建应考虑两方面的因素：首先是空间的接近性，即不考虑对空间实际利用情况下的单纯的区位因素，空间单元越接近生活圈的几何中心集中度越高。为反映空间接近性因素，以社区居民全部 GPS 点生成椭圆，在椭圆内建立从中心到边缘逐渐从 1 下降为 0 的连续插值作为空间区位的背景值。其次是居民对空间单元内设施的实际利用情况，在栅格内花费时长越高集中度越高（图 4-7）。通过观察，栅格的时长值 τ 为长尾分布，因此对其做取对数处理。

根据上述原理，确定栅格集中度的计算公式为

$$C_i = \rho_i \cdot \frac{(\ln \tau_i + \alpha)}{\beta} \tag{4-3}$$

其中，C_i 为栅格 i 的集中度值；ρ_i 为栅格 i 在 GPS 点生成的椭圆的空间区位背景值；τ_i 为栅格 i 的社区人均每日活动时长；α、β 为常数，为保证最终的结果取值范围为从 1 至 0，α 取 6.60，β 取 9.33。

在计算全部 18 个社区的所有栅格的集中度之后，确定某一临界值，每一个社区中集中度大于该临界值的栅格构成每一个社区的自足部分。此处取所有栅格集中度的平均值 0.18 作为筛选每个社区自足部分的临界值。

一方面，从每一个社区中栅格的集中度分布特征来看，首先较为明显的特征是距离衰减现象，即生活圈中心的集中度最高，接近于 1，而随着远离生活圈的中心，栅格的集中度值也逐渐下降，接近基础生活圈的边缘，则栅格的集中度值趋近为 0。这种状况反映了伦托普

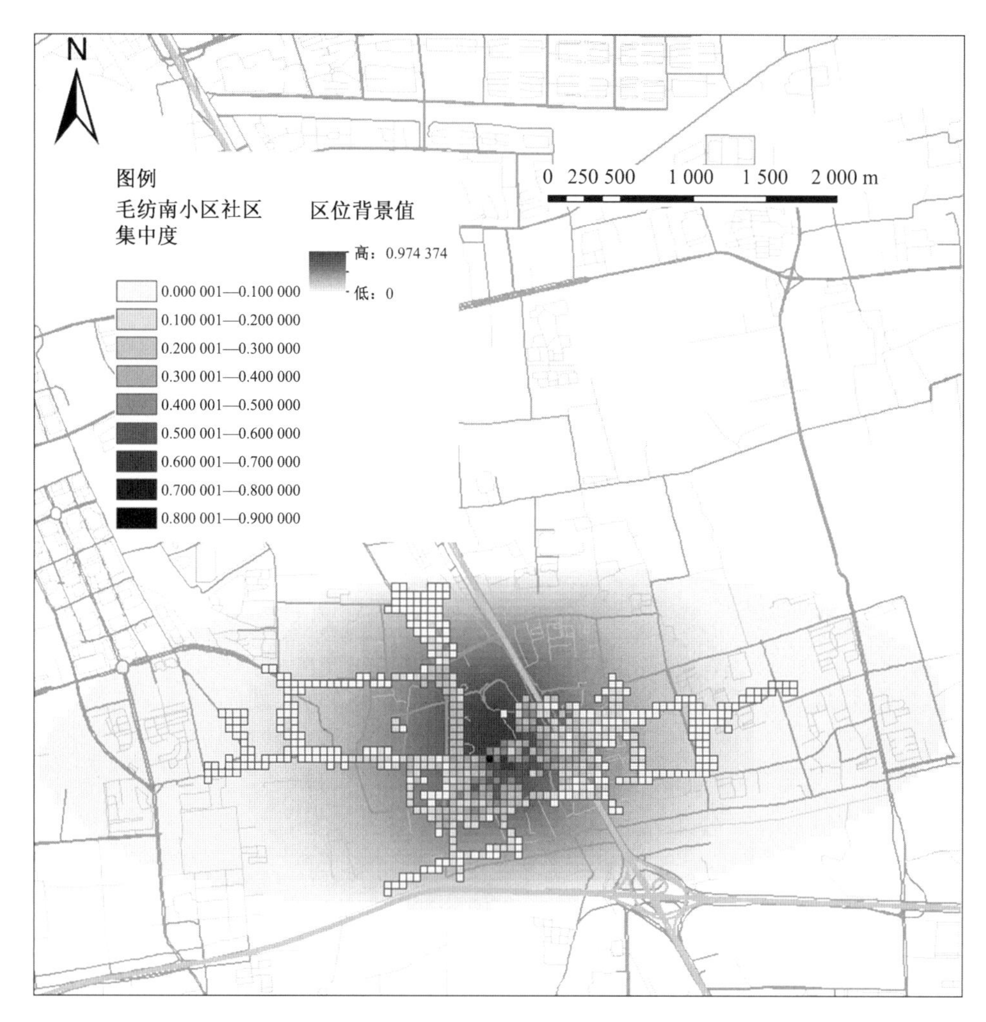

图 4-7　GPS 点生成的椭圆中的空间区位背景值变化及集中度的计算结果

(Lenntorp，1976) 所提出的“距离摩擦”理论，印证了基础生活圈以“家”为中心的依赖性，也反映了基础生活圈是在行为能力以及个体空间可达性的汇总下形成的空间现象。

另一方面，基础生活圈中的距离衰减并不是一个“均匀”的过程，同样的空间区位下，由于时间利用的差异，栅格的集中度仍然会存在差异性，从而使得基础生活圈中集中度下降的过程存在局部回升的现象，例如在某些活动较为集中的区域，尽管不处于基础生活圈的中心，但其集中度仍然较高。这反映出基础生活圈中的“集中”不仅仅代表由距离所反映出的空间区位性，而且反映着社区居民对于空间的实际利用状况。

总体而言，以社区实际的外墙为界，社区边界以内与社区边界以外的集中度呈现较大的差异，尤其是集中度最高的栅格所在区域大都位于社区边界以内。这说明社区边界之内集中着很大一部分的社区日常活动，对于社区居民而言，这一部分空间具有重要的利用价值。

4.4.3 基础生活圈共享度指标构建及测度

共享度是指，某空间单元（栅格）被多个基础生活圈共同利用的程度，通过对基础生活圈中每一个栅格共享度的计算及比较，可以筛选出共享度较高的单元，来区分基础生活圈中的共享部分。被共享的空间的共享度，与其在所有共享该单元的基础生活圈中的利用程度共同相关。如考虑两个社区共享的情况，任何一个基础生活圈对其利用程度的提高，都会引起共享度的提高；当其中一个基础生活圈对其利用程度为零时，共享度应下降为0；在两个社区对该栅格的空间利用度相同的情况下，其共享度应达到最高值。

根据基础生活圈内时间分布呈现由内向外逐渐衰减的特征，可将其抽象为圆锥体。通过计算栅格 τ_i 在社区中的百分比位序，来反映该栅格在社区中被利用的“重要程度”，在社区中心该值为100%，在社区边缘该值为0%。两个圆锥体叠加下，在其相交部分形成共享度的变化曲线（图4-8），根据上述对于共享度变化特征的描述，确定两个社区间共享度的计算公式为

$$S_{iab} = \frac{\min\{U_{ia}, U_{ib}\}^2}{\max\{U_{ia}, U_{ib}\}} \tag{4-4}$$

其中，S_{iab} 为栅格 i 在社区 a 和社区 b 之间的共享度；U_{ia} 为栅格 i 在 a 基础生活圈中的百分比位序；U_{ib} 为栅格 i 在 b 基础生活圈中的百分比位序。

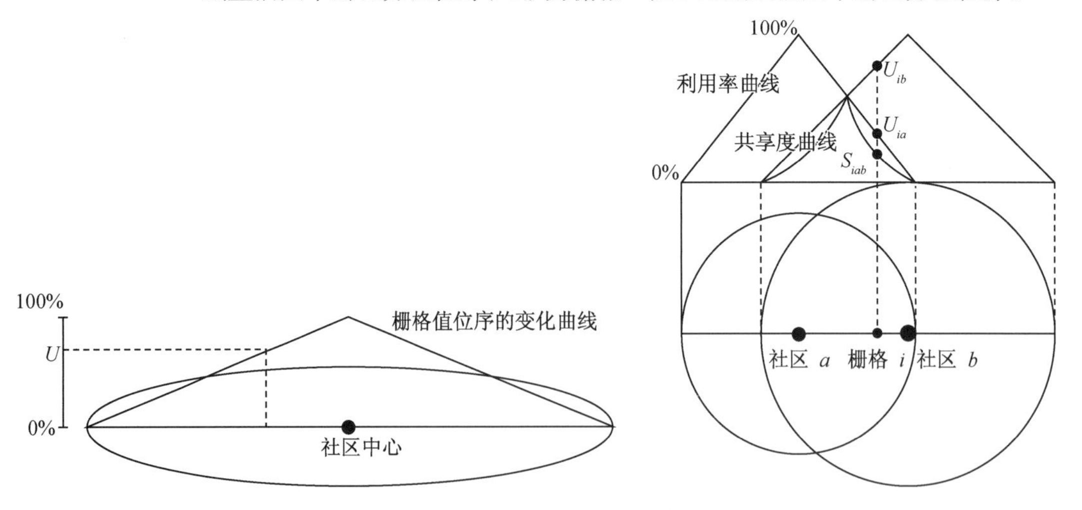

图4-8 基础生活圈空间共享度指标的设计

如扩展至 x 个社区叠加的情况，则为 $x-1$ 个共享度之和，即

$$S_i = \frac{\min\{U_{i1}, U_{i2}, \cdots, U_{ix}\}^2}{U_{i1}} + \cdots + \frac{\min\{U_{i1}, U_{i2}, \cdots, U_{ix}\}^2}{U_{ix}} - \frac{\min\{U_{i1}, U_{i2}, \cdots, U_{ix}\}^2}{\min\{U_{i1}, U_{i2}, \cdots, U_{ix}\}} \quad (4\text{-}5)$$

经简化，可得

$$S_i = \min\{U_{i1}, U_{i2}, \cdots, U_{ix}\}^2 \sum_m^x \frac{1}{U_{im}} - \min\{U_{i1}, U_{i2}, \cdots, U_{ix}\} \quad (4\text{-}6)$$

在计算 18 个社区的所有栅格的共享度之后（图 4-9），同样确定某一临界值，每一个社区中共享度大于该临界值的栅格构成每一个社区的共享部分。经过反复试验，选 50%分位数的值 0.03 作为筛选每个社区共享部分的临界值。

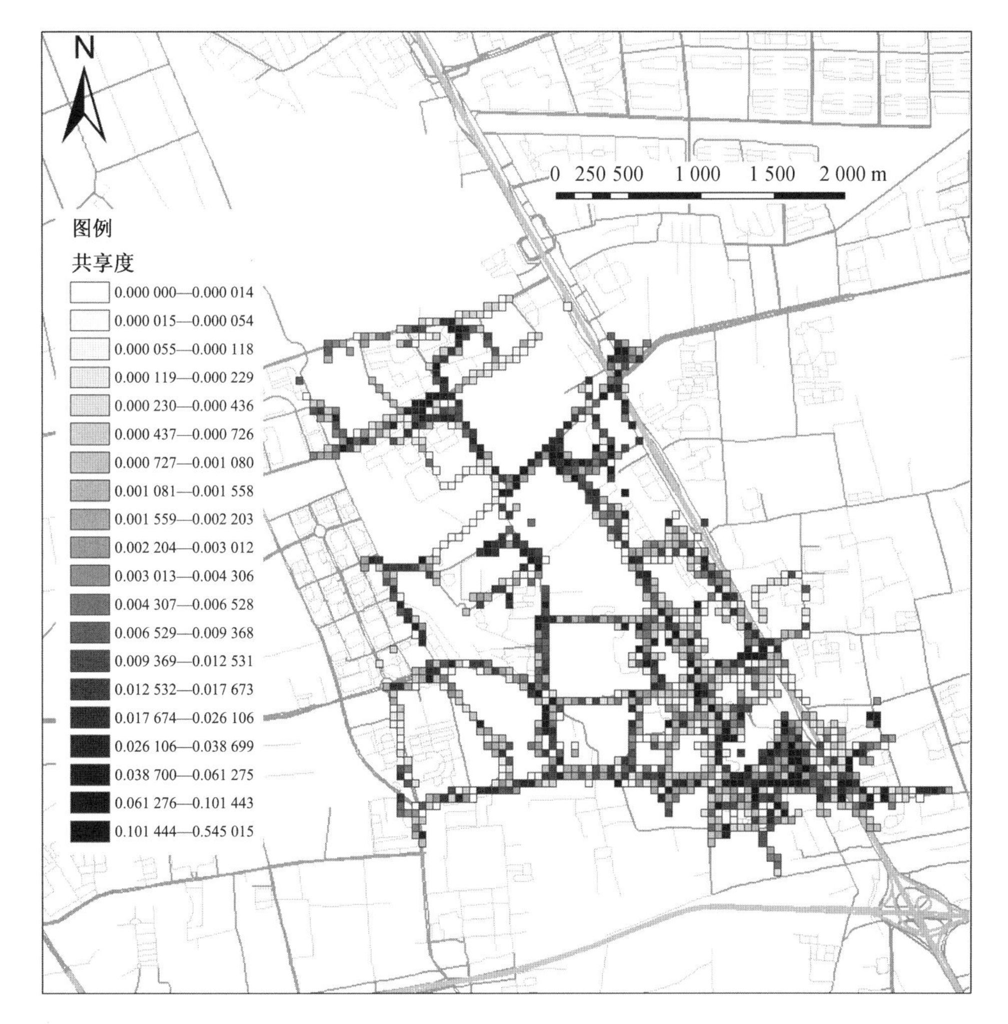

图 4-9 共享度的计算结果

从所有社区共同形成的共享度分布特征来看，由于共享部分很少位于社区的核心区域，因此基本不存在栅格在社区中百分比位序较高（即接近 100%），同时又被较高程度共享的情况。所以在所有栅格中，共享度的最大值约为 0.55。同时，共享度值的分布情况也并不均匀，大部分栅格的共享度较低，为 0.1 以下，只有少部分的栅格集中度位于 0.1 以上。

从空间格局来看，由于共享度的计算仅仅考虑社区直接叠加的情况，而没有叠加的部分共享度为 0，因此与基础生活圈的全部空间范围相比，只有其中一部分区域具有共享度值，这一部分区域基本沿道路分布，其中安宁庄东路和清河中街是最主要的共享区域，而承担远距离出行的交通性的城市高速路，如京藏高速，并不是共享度较高的区域。共享度较高的区域包括：西二旗大街与西二旗西路相交的超市发、首农生活益民菜市场一带、安宁庄东路北端的蓝岛金隅百货一带、西三旗桥以东的卓展时代商城一带、当代城市家园以北的上第 MOMA[③] 一带、安宁庄西路的南段、小营西路与京藏高速相交的碧水风荷公园，以及由清河镇农副产品交易市场中心、天兰尾货、清河百货商城等老商业服务设施中心一带。而华润五彩城购物中心在调查开展期间处于试运营阶段，因此虽然吸引了一部分的活动，但并没有形成共享值的高点。从以上这些地点的性质来看，基本都是依托于购物中心等大型商业服务设施形成的共同活动停留点。少部分高共享的区域如安宁庄西路南段，则是依托于餐饮设施形成的共享停留点。此外，碧水风荷公园则是以休闲设施形成活动共享停留点的典型。

4.5 基础生活圈的空间界定结果

根据以上临界值的选取，将各个基础生活圈中集中度大于临界值的部分划分为第一个圈层，将其命名为基础生活圈Ⅰ；将集中度小于临界值且共享度亦小于临界值的部分划分为第二个圈层，将其命名为基础生活圈Ⅱ；将共享度大于临界值的部分划分为第三个圈层，将其命名为基础生活圈Ⅲ。通过对所有案例社区的三个基础生活圈层的面积统计，可以发现基础生活圈大致分为两类：以基础生活圈Ⅰ为主的社区和以基础生活圈Ⅱ为主的社区。但从总体上来看，基础生活圈Ⅰ的变化幅度不大，这种差异性更多的是由基础生活圈Ⅱ的变化引起的，即和社区周边面向本社区的公共服务设施的供给情况有关。基础生活圈Ⅲ的面积占比最小，这与中心地原理中等级较高的中心地数量较少的原则相吻合（表 4-5，图 4-10）。

表 4-5　案例社区各圈层面积统计

案例社区	基础生活圈Ⅰ	基础生活圈Ⅱ	基础生活圈Ⅲ	案例社区	基础生活圈Ⅰ	基础生活圈Ⅱ	基础生活圈Ⅲ
安宁北路社区	0.412 5	0.287 5	0.080 0	美和园社区	0.165 0	0.145 0	0.027 5
安宁东路社区	0.260 0	0.415 0	0.030 0	铭科苑社区	0.300 0	0.572 5	0.055 0
安宁里社区	0.317 5	0.652 5	0.112 5	清上园社区	0.327 5	0.305 0	0.035 0
当代城市家园社区	0.297 5	0.365 0	0.037 5	长城润滑油社区	0.215 0	0.542 5	0.067 5
海清园社区	0.507 5	0.777 5	0.075 0	学府树社区	0.370 0	0.317 5	0.080 0
力度家园社区	0.407 5	0.595 0	0.097 5	宣海家园社区	0.272 5	0.435 0	0.040 0
领秀硅谷社区	0.215 0	0.437 5	0.042 5	阳光社区	0.272 5	0.072 5	0.057 5
毛纺北小区社区	0.180 0	0.107 5	0.045 0	怡美家园社区	0.197 5	0.117 5	0.007 5
毛纺南小区社区	0.527 5	0.910 0	0.105 0	智学苑社区	0.250 0	0.175 0	0.03 0

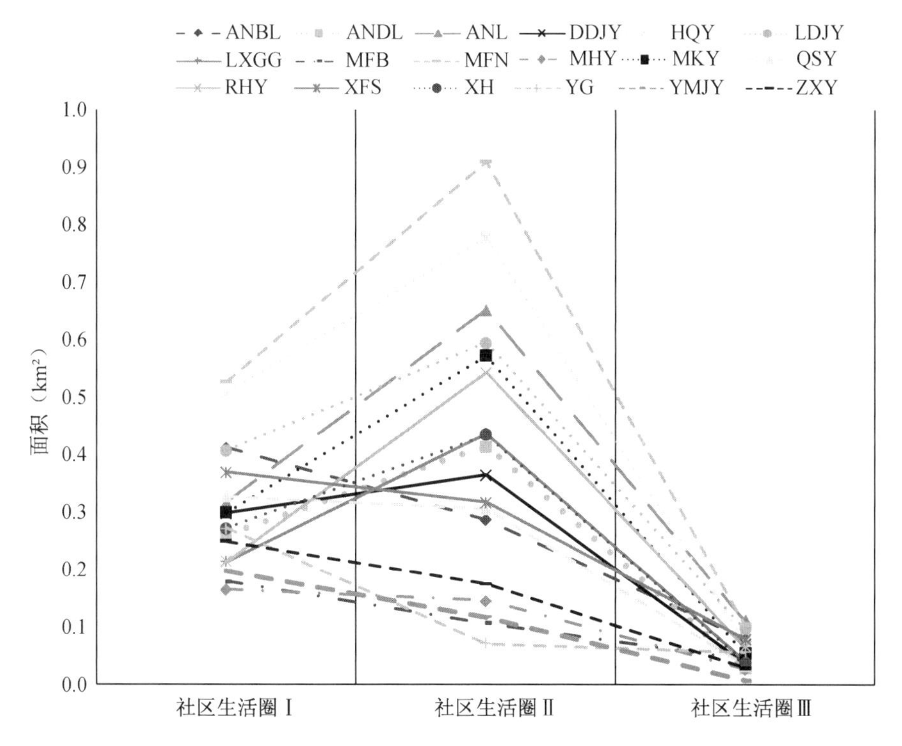

图 4-10　案例社区各圈层面积统计

注：ANBL 即安宁北路社区；ANDL 即安宁东路社区；ANL 即安宁里社区；DDJY 即当代城市家园社区；HQY 即海清园社区；LDJY 即力度家园社区；LXGG 即领秀硅谷社区；MFB 即毛纺北小区社区；MFN 即毛纺南小区社区；MHY 即美和园社区；MKY 即铭科苑社区；QSY 即清上园社区；RHY 即长城润滑油社区；XFS 即学府树社区；XH 即宣海家园社区；YG 即阳光社区；YMJY 即怡美家园社区；ZXY 即智学苑社区。

将基础生活圈三个圈层落位于实体空间中，可以发现基础生活圈Ⅰ的分布范围和社区边界吻合程度较高，其面积也与社区边界内的面积大致相等；基础生活圈Ⅱ则在社区边界以外，沿周边街道展开，其空间大小可以体现居民步行可达非工作活动的范围；基础生活圈Ⅲ的分布则通常位于购物中心、交通站点、公共管理与公共服务设施布置较为集中的地段，且城市交通较为便利，易与周边社区发生共享。为了展现这一空间范围，将一般步行速度下15分钟出行范围的边界与生活圈进行对比，可以发现，基础生活圈的范围与15分钟出行范围大致相当。

因此可以得出结论，基础生活圈Ⅰ是自足性的圈层，与社区边界存在较高重合；基础生活圈Ⅱ是在居民出行能力制约下形成的，其中的设施主要面向本社区提供服务；基础生活圈Ⅲ是共享性的圈层，是基础生活圈之间重叠的部分（图4-11）。

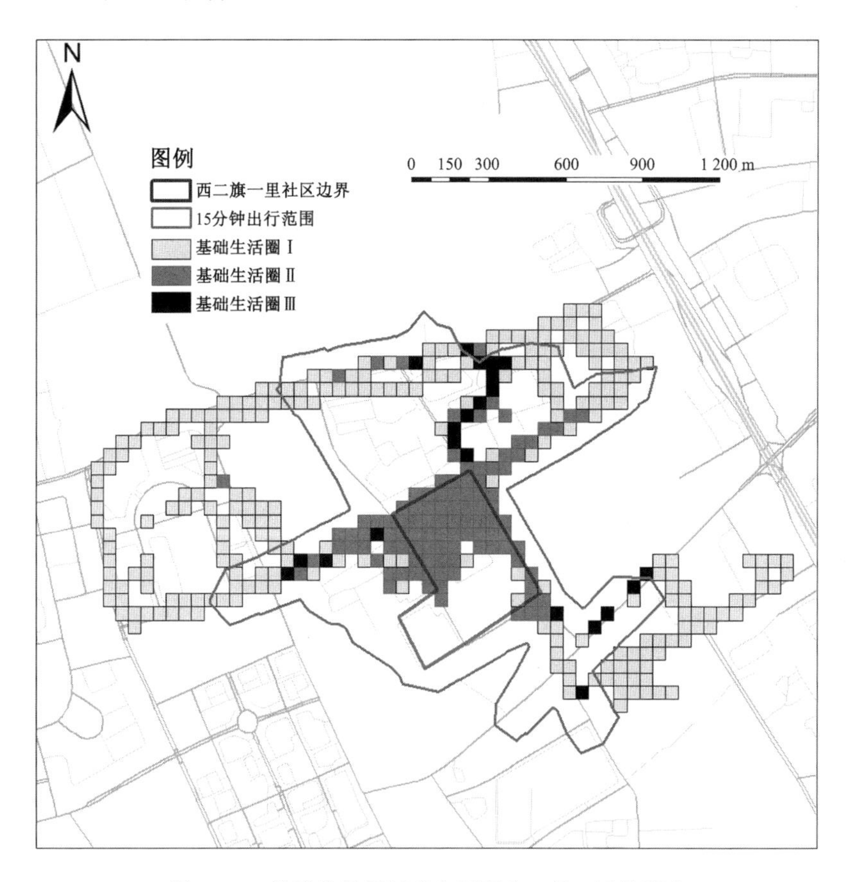

图4-11 铭科苑社区基础生活圈Ⅰ、Ⅱ、Ⅲ的划分

4.6 社区生活圈的划分思路

在基础生活圈的界定之中，在对空间进行栅格化处理之后，以GPS数据反映出每一个社区的基础生活圈形态。可以发现，每个社区所形成的基础生活圈的面积差异较大，而且形态也有所差别。部分基础生活圈的空间范围较集中，主要在近家区域分布，空间面积仅仅超出社区实体边界，向外小幅度延伸，如当代城市家园社区、毛纺北小区社区的基础生活圈；而部分基础生活圈则呈扩散状，其空间面积远远超出社区实体边界，如海清园社区、毛纺南小区社区。造成这种差异性主要与社区性质和社区周边服务设施建设水平等因素相关，这些因素造成了社区居民出行模式的差异以及对城市服务设施的依赖程度的差异，从而导致了不同的基础生活圈形态和面积。

尽管基础生活圈的真实状况反映了社区居民的客观需求，其形态与特征能够作为社区规划中的重要指导，但基础生活圈之间的差异性使得基于基础生活圈的社区规划难以单独开展，一个新的思路是将基础生活圈之间进行组合，形成结构更高级、规模适中、大小相仿的社区生活圈。

本章承接前文中提出的社区生活圈测算指标之一——共享度，通过聚类方法进行社区与社区之间区位关系的探讨。此外，本章还从人口与空间规模的角度探讨了以这种新型空间结构进行公共服务设施配置的合理性。

4.6.1 已有对社区区位关系的讨论

对于社区间的关系，典型的观点是“等级论”和“细胞论”。所谓等级论，是指将社区空间进行秩序化处理，以“中心地理论”为例，试图通过中心地和区域的关系，建立起不同等级的中心地之间的数量结构，如所谓“区域有中心，中心有等级”[④]。部分学者试图将中心地理论运用到社区之间层面空间区位的讨论中，而这种观点的背后，实际上是基于效率优先和市场主义的规划观，对市场经济条件下的社区形态与机制的简化假设，不足以反映真实的社区生活形态。而细胞论则认为，每一个空间单元之间通过无缝隙的填充，形成了城市空间的整体，即城市空间的“细胞”。但就人的行为而言，首先在人的认知的局限性、能力制约、权威制约之下，无法对城市空间进行完全充分的探索，行为空间不可能充满城市空间的整体；其次人的行为空间无法进行严格的分割，不存在各自为界的地域单元。

4.6.2 基础生活圈的叠加与组合

基础生活圈的相关研究已经论证，不同的基础生活圈之间可以进行叠加组合，并形成更高级的社区生活圈结构。柴彦威等（2015）提出，近邻的若干社区由于共享城市基础设施，其各自的生活圈会发生重叠交错并形成更加复杂的结构。王少博也提出，同一地域内所划分的各基层居民点的生活圈（“时间生活圈”），各圈层可能会在同一空间点进行多次交叠，在该交叠之处进行公共服务设施的布局，并以响应等级公共服务设施的服务半径进行划分，即可形成新的生活圈结构（“功能生活圈”）[⑤]（图 4-12）。

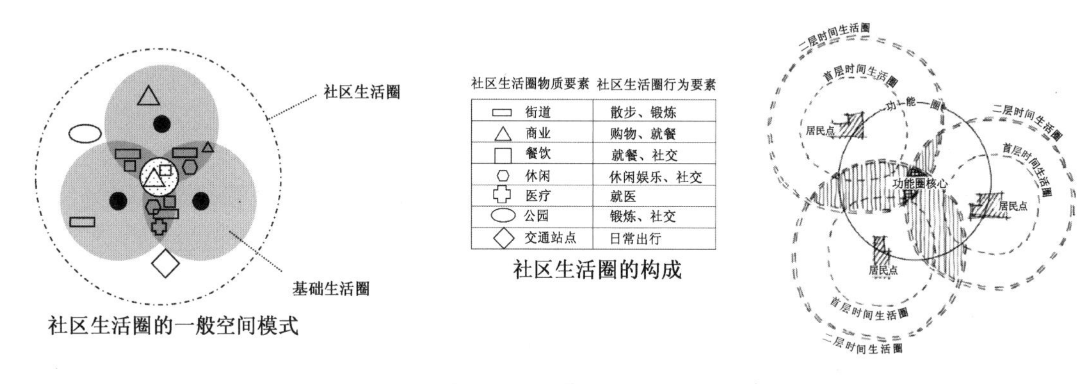

图 4-12　社区生活圈叠加关系的相关概念

上述概念的实质都是探讨多社区的叠加与组合问题。这种叠加现象，是指相互临近的社区，由于利用相同的社区服务设施，其基础生活圈存在重叠部分，即基础生活圈的交集；而组合，则是指以叠加关系为纽带，若干个社区可以形成一个集团，并作为一个新的空间单元，该单元包含每一个单独社区，即基础生活圈的并集。本章提出假设，在城市社区中，基础生活圈大都以叠加和组合的方式而存在，从而形成更高级的社区生活圈。

而在叠加与组合的过程中，每一个构成部分的规模大小和空间关系不同，会导致组合而成的社区生活圈形态存在不同的类型和空间模式，例如当设施分布较为集中，多个基础生活圈的向心性较高时，会产生较高的重叠，其中每一个基础生活圈的形态都较为相似，产生的新的社区生活圈也较为类似于其中每一个社区的生活空间范围；而反之，当设施分布较为零散，存在多个吸引中心时，社区与社区之间在多个不同区域存在共享，则会导致新产生的社区生活圈变现为若干个基础生活圈的拼接，等等。上述两种情况更多的是在每一个作为组分的基础生活圈之间规模较为平均的情况下发生的，而在规模差异较大的情况下，这种组合关系表现为嵌套，即在一个社区生活圈中，规模较大的基础生活圈囊括了规模较小的基础生活圈。

4.7 社区生活圈的划分方法

4.7.1 共享度矩阵的计算

根据第 4.4.3 节提出的共享度的概念，如仅仅考虑两个社区 a、b 相互叠加的情况，则叠加部分的每一个栅格 i 都会具有一个共享度值 S_{iab}，对两个社区所共有的每一个栅格的共享度进行加和，就可以反映两个社区之间总体的共享度水平（图 4-13），即

$$C_{ab} = \sum_{i}^{n} S_{iab} \tag{4-7}$$

其中，C_{ab} 为社区 a、b 之间的整体共享度；S_{iab} 代表第 i 个栅格的共享度值。

由此可以计算任意两个社区之间的整体共享度，从而得到 18 个案例社区的整体共享度矩阵。通过在统计产品与服务解决方案（SPSS）软件中对共享度矩阵进行聚类，即可得到聚类树状图，并从中选取合适的聚类结果，以组合生成社区生活圈。

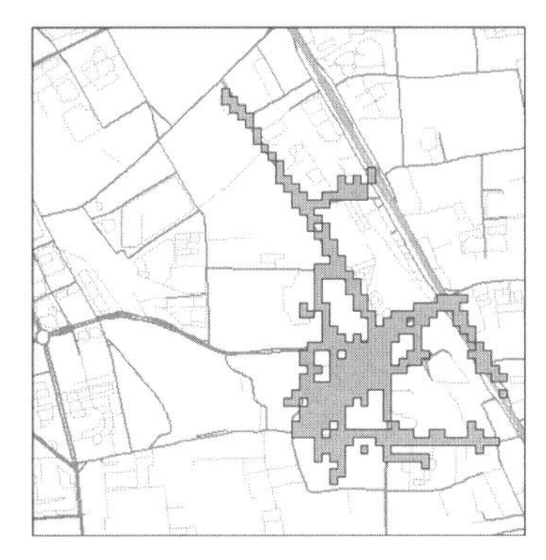
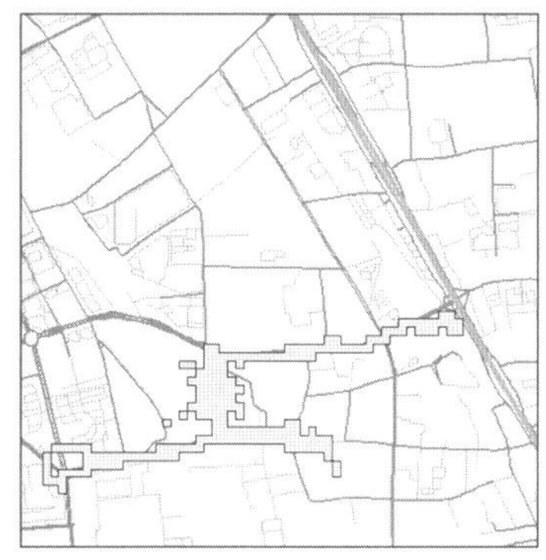
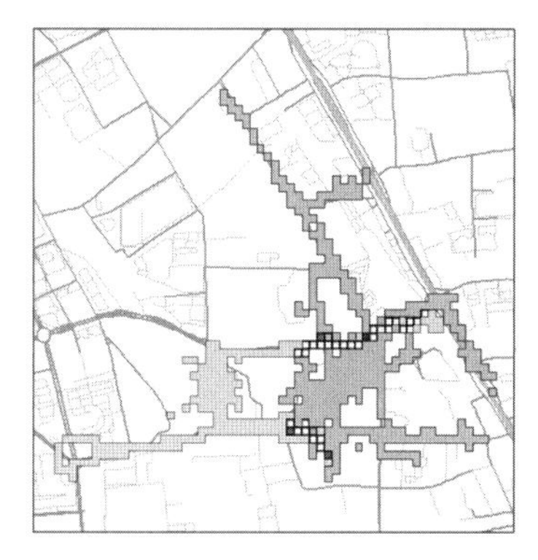

图 4-13　两个社区叠加后的整体共享度

4.7.2 聚类方法的选取

聚类分析可以突破以往分类学中主观性和任意性的弊端，客观地揭示事物内在的本质差别和联系。聚类分析中最常用的两种方法为 K 均值聚类（K-means）聚类和系统聚类，其中系统聚类在实际应用中

由于具备灵活多样的距离计算方法而具有更高的适用性。其基本思想是，先将 n 个样本各自看成一类，并分别规定样本与样本之间的距离、类与类之间的距离的计算规则，通过若干变量的综合，计算各类之间的距离，在每一步聚类时，选择距离最小的类合并为一个新类，并计算出新类和其他类之间新的距离，以此作为下一步聚类的距离，直至所有的样本合并为一类。在这一过程中，可以依照聚类树状图对聚类进行分析，并选取理想的分类结果（雷钦礼，2002；陈正昌等，2005；胡雷芳，2007）。

一般而言，聚类分析要求通过若干变量的综合，形成研究若干个对象之间的差异性指标或接近性指标，其中，基于差异性矩阵的聚类过程优先合并差异性指标较低的对象，如距离越短，越优先合并；而基于接近性矩阵的聚类过程有限合并接近性指标较高的对象，如相似系数越大，越优先合并（陈彦光，2011）。最终根据研究要求，得到合适的聚类结果。本章中的共享度矩阵的计算，可以跳过对变量的综合，直接将其作为聚类矩阵。由于共享度越高的社区之间应该优先合并，所以本身可以将其视作接近性矩阵。而如果以矩阵中数值的最大值减去每一个矩阵值，则可以得到差异性矩阵。

系统聚类方法的区别主要在于其从上一步聚类到下一步聚类时类之间距离计算的转换规则上。主要的系统聚类方法包括：单连接法（Single Linkage，又称最短距离法）、完全连接法（Complete Linkage，又称最长距离法）、平均连接法（Average Linkage）、组平均连接法（Average Group Linkage）、离差平方和法（Ward’s Method）。其中，单连接法和完全连接法仅仅以两个单样本之间的距离作为组间距离，而不管各自组内其他样本的距离如何，最终产生不紧凑或过于紧凑的类，而受到诟病。而平均连接法、组平均连接法、离差平方和法都可以在一定程度上减少这种弊病。其中，离差平方和法被认为具有“最优性”。离差平方和法起源于方差分析，该方法认为，如果分类正确，同一类各个样本的离差平方和应当较小，而不同类之间的离差平方和则应该较大。其具体操作是，在每一步聚类中，选择使离差平方和的增加量最小的方案进行合并。但是离差平方和法所需运算量较大（胡雷芳，2007）。

就本章探讨的社区生活圈的聚类而言，如采取最短距离法或最长距离法，可能会导致链状排列的多个基础生活圈被划分为一类，或在局部区域产生过度聚集的社区生活圈，进而影响到分类结果，此外，研究最终追求的结果是各个社区生活圈之间在一定程度上实现平衡，避免聚类的结果在面积上存在较大差异性，因此不采取上述两种方法。在剩余方法的选取中，通过比对，以“最优性”为原则，且考虑研究所需运算量在 SPSS 软件可实现范围内，因此最终采取离差平方和法。

在 SPSS 软件中的实现方法如下：

```
CLUSTER
/matrix in（“D：\ori.sav”）
/method complete
/print schedule
/plot dendrogram.
```

其中，“D：\ori.sav”为存放共享度矩阵计算结果的文件路径。

4.8 社区生活圈的划分结果

4.8.1 基础生活圈的叠加分析

为了发现这种基础生活圈的叠加组合空间结构，可试图将所有基础生活圈同时进行叠加和观察。可以发现，由于每一个社区的基础生活圈的空间范围除占据社区实体边界以外，还沿街道向四周延伸，涵盖周边部分地块。因此，在社区实体空间相交接处以及城市公共活动空间中，必然存在某些栅格同时位于不止一个基础生活圈的范围内，导致彼此存在交叠现象。叠加后的形态高度复杂，尤其是老商业中心、安宁庄东路、清河中街、西二旗大街与西二旗西路交叉口等处，是各个社区相互交叠的密集点。由于临近的社区之间几乎都存在交叠，难以通过观察发现社区与社区之间的断裂点，因此难以简单、直观地对基础生活圈进行划分与组合（图 4-14）。所以，必须采取更加精准和量化的方法对基础生活圈之间的叠加程度进行考量，作为衡量基础生活圈之间关联性的指标，以更为科学地进行基础生活圈的组合。

4.8.2 基础生活圈整体共享度矩阵计算结果

从计算结果来看，两两社区之间整体共享度的最大值为海清园社区与毛纺南小区社区之间的 10.841，平均值为 1.88。从矩阵中数值的分布情况来看，基本可以反映清河街道 18 个社区之间的叠加状况。

为了能够突破图面分析的主观性和任意性，通过数量方法对基础生

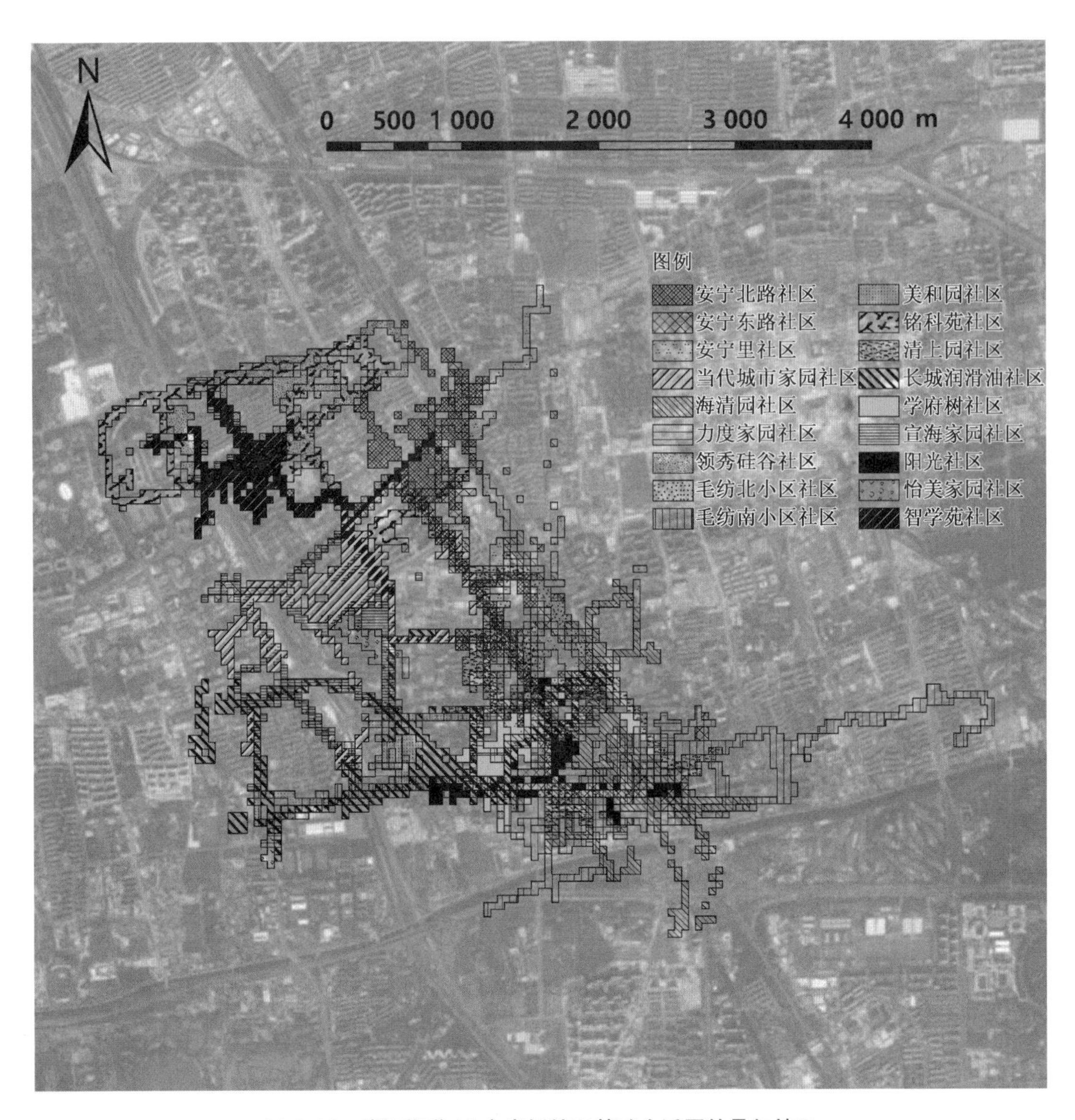

图 4-14　清河街道 18 个案例社区基础生活圈的叠加情况

活圈进行组合，以社区间整体共享度矩阵为基础（表 4-6），采取聚类分析的方法对 18 个基础生活圈进行类的合并，并从聚类树状图中选取理想的分类结果。

表 4-6　清河街道 18 个案例社区的整体共享度矩阵

类别	安宁北路	安宁东路	安宁里	当代城市家园	海清园	力度家园	领秀硅谷	毛纺北小区	毛纺南小区	美和园	铭科苑	清上园	长城润滑油	学府树	宣海家园	阳光	怡美家园	智学苑
安宁北路	—	—	—	—	—	—	—	—	—	—	—	—	—	—	—	—	—	—
安宁东路	2.907	—	—	—	—	—	—	—	—	—	—	—	—	—	—	—	—	—
安宁里	2.710	5.744	—	—	—	—	—	—	—	—	—	—	—	—	—	—	—	—
当代城市家园	0.776	3.305	1.684	—	—	—	—	—	—	—	—	—	—	—	—	—	—	—
海清园	0.691	5.519	4.644	0.081	—	—	—	—	—	—	—	—	—	—	—	—	—	—
力度家园	0.952	4.109	2.770	0.003	8.070	—	—	—	—	—	—	—	—	—	—	—	—	—
领袖硅谷	1.084	0.216	1.335	0.698	0.000	0.000	—	—	—	—	—	—	—	—	—	—	—	—
毛纺北小区	1.041	2.389	5.518	0.222	1.323	1.085	0.000	—	—	—	—	—	—	—	—	—	—	—
毛纺南小区	0.351	5.607	2.771	0.157	10.841	8.668	0.000	0.913	—	—	—	—	—	—	—	—	—	—
美和园	0.029	0.216	0.624	0.000	0.402	1.935	0.000	0.433	2.268	—	—	—	—	—	—	—	—	—
铭科苑	1.445	1.863	0.761	1.694	0.000	0.000	5.618	0.000	0.000	0.000	—	—	—	—	—	—	—	—
清上园	1.757	3.973	5.590	0.747	2.652	2.977	0.010	4.219	2.498	0.607	0.119	—	—	—	—	—	—	—
长城润滑油	0.043	0.670	0.582	0.546	1.249	2.813	0.000	0.090	3.044	2.707	0.000	0.627	—	—	—	—	—	—
学府树	1.412	2.350	4.941	0.300	4.453	3.551	0.486	2.173	3.494	1.608	0.321	2.673	1.780	—	—	—	—	—
宣海家园	0.132	0.641	0.395	3.391	0.184	0.278	0.207	0.033	0.162	0.000	0.243	0.431	0.720	0.006	—	—	—	—
阳光	0.177	2.543	2.978	0.000	4.260	4.755	0.000	1.326	3.175	0.842	0.000	0.861	1.036	3.381	0.150	—	—	—
怡美家园	0.000	0.000	0.000	0.813	0.000	0.334	0.000	0.000	0.645	0.163	0.000	0.000	0.673	0.000	2.920	0.000	—	—
智学苑	1.100	0.362	0.025	0.407	0.000	0.000	2.124	0.000	0.000	0.000	4.814	0.000	0.000	0.000	0.350	0.000	2.330E-05	—

4.8.3 基于整体共享度矩阵的基础生活圈聚类结果

从基础生活圈聚类的过程来看，首先美和园社区与毛纺南小区社区被快速合并起来，其次当代城市家园社区和怡美家园社区也合并为一类，其余合并较早的社区包括安宁东路社区与安宁里社区、领秀硅谷社区和铭科苑社区等。经过考量，最终确定将18个案例社区划分为5个大类（图4-15）。

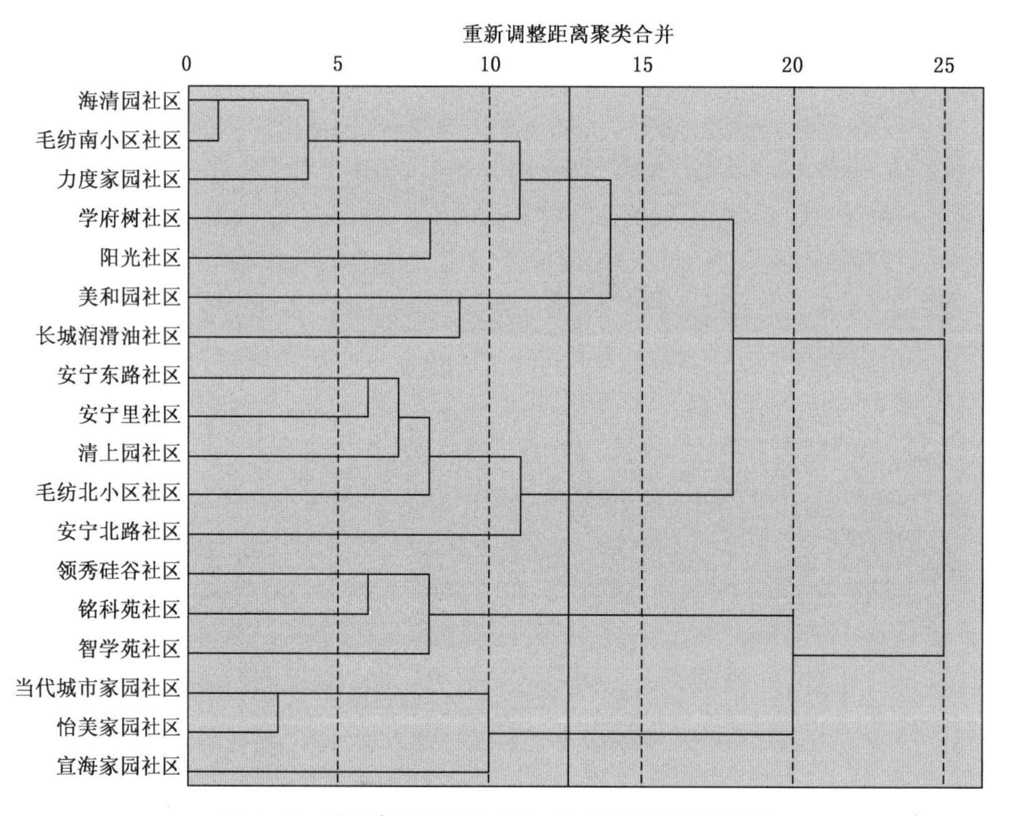

图4-15　使用离差平方和（Ward）方法的聚类树状图

4.8.4 社区生活圈聚类结果

在ArcGIS中，将聚类后的5个社区生活圈分别进行呈现，观察其叠加特征，总结每一个社区生活圈的成因，并概括其空间模式。从整体的分类结果来看，18个社区的基础生活圈已经被划分为较为明显的5个板块，各板块之间的重叠部分较少，证明聚类结果是有效的（图4-16）。

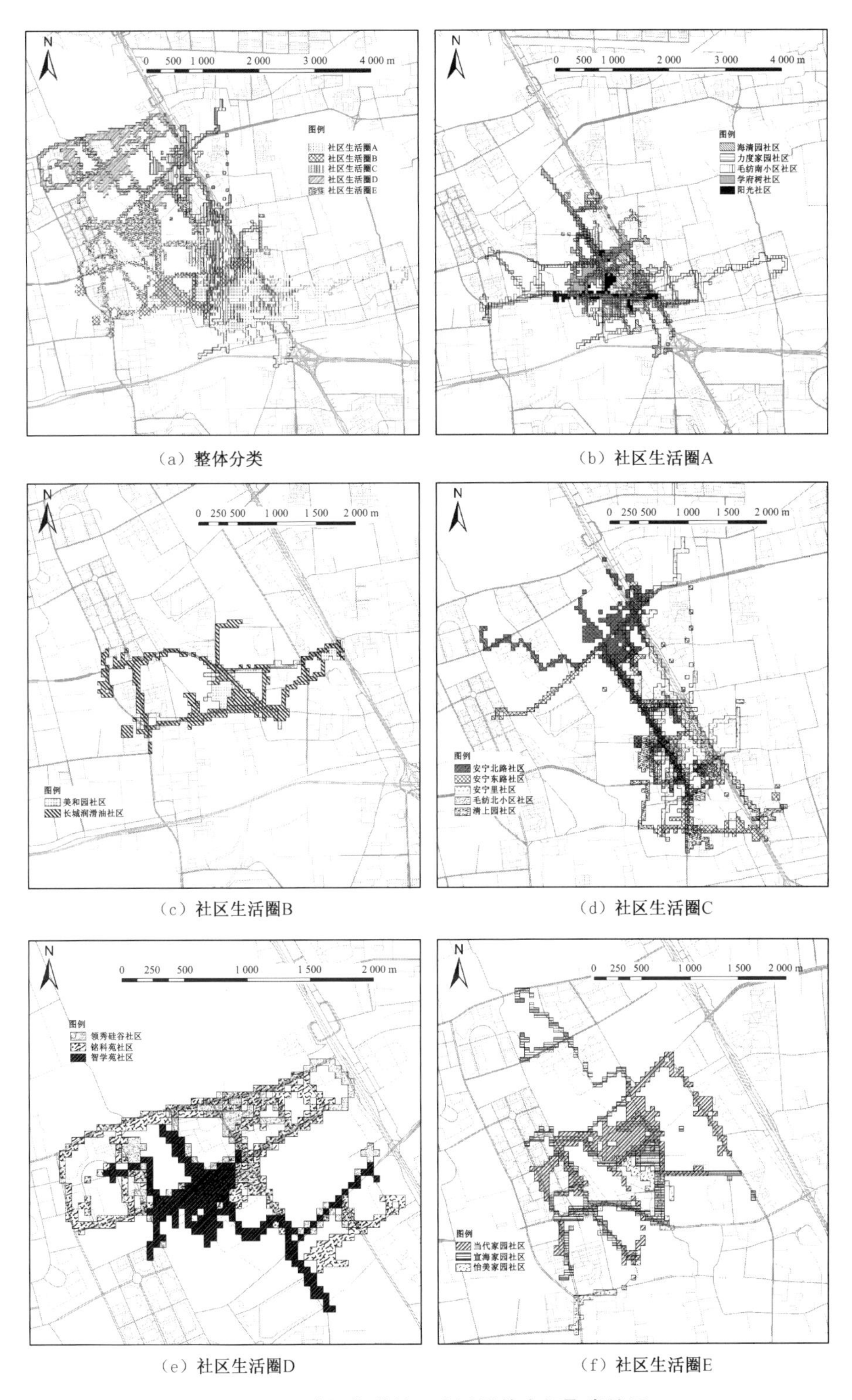

（a）整体分类　（b）社区生活圈A

（c）社区生活圈B　（d）社区生活圈C

（e）社区生活圈D　（f）社区生活圈E

图 4-16　清河街道社区生活圈的空间聚类结果

（1）社区生活圈 A：海清园社区、毛纺南小区社区、力度家园社区、学府树社区、阳光社区。从其空间范围来看，该社区生活圈主要由沿毛纺路—安宁庄东路、清河中街分布的几个基础生活圈组成。其中毛纺南小区社区、海清园社区为单位社区，阳光社区为具有部分单位属性社区，其所在的区域为原清河毛纺厂等大型单位所在位置，单位制退出之后该区域的建设发展在很大程度上在原单位生活方式的惯性作用下进行，形成了共同的生活空间纽带。此外，该社区生活圈是围绕清河街道较早发展起来的商业区而形成的，清河中街、毛纺路构成了该社区生活圈的基本骨架，2012 年刚刚成型的清河街道最高级的商业中心——建筑面积 20 万 m^2 华润五彩城购物中心也位于该社区生活圈中，对周边社区形成越来越强的吸聚能力，成为该社区生活圈中的重要共享空间。

从空间模式来看，该社区生活圈中的基础生活圈重叠程度高，每一个社区的基础生活圈通过层层叠加，最后形成社区生活圈。因此，这种组合关系可以总结为“叠合型”社区生活圈。

（2）社区生活圈 B：美和园社区、长城润滑油社区。二者的空间联系较为紧密，共同位于朱房路与小营西路之间、安宁庄西路两侧的地块中，社区生活圈主要沿四周街道开展，布局较为紧凑，但仍然受到华润五彩城购物中心、清河百货商场等商业服务设施的吸引而向东延伸。此外，上地地铁站也是该社区生活圈西侧的重要构成部分。该基础生活圈的共享空间主要为商业服务设施和交通设施。其中，长城润滑油社区为国有企业的单位社区，而美和园社区则是由单位房、保障房共同构成的政策房社区，两个社区的面积都较小，居住人口较少。

然而，在该社区生活圈中，两个基础生活圈的规模差异较大，除美和园社区边界以内的部分，长城润滑油社区的基础生活圈几乎涵盖了美和园社区的基础生活圈的全部范围，因此这种组合关系可以总结为“嵌套型”。

（3）社区生活圈 C：安宁东路社区、安宁里社区、清上园社区、毛纺北小区社区、安宁北路社区。生活圈主要以安宁庄东路为主要活动空间，呈狭长形态，北部三个社区临近安宁庄村，南部的毛纺北小区社区为单位社区，其居民以单位员工为主。安宁庄东路是清河地区的主要生活性道路，除蓝岛金隅百货等百货类购物设施外，此处还聚集了大量的小超市、餐饮等小尺度商业服务设施，形成了共享程度较高的社区基础生活空间。

该社区生活圈中的基础生活圈基本是沿安宁庄东路链状排列，在该街道上，存在多个起到基础生活圈之间连接作用的设施节点，相邻的多个基础生活圈通过拼接形成了该社区生活圈的整体。因此，这种组合关系可以总结为“邻接型”。

(4) 社区生活圈 D：领秀硅谷社区、铭科苑社区、智学苑社区。该生活圈主要沿西二旗大街展开，北面领秀硅谷社区为清河街道占地面积最大、居住人口最多的居住社区，而南面智学苑社区、铭科苑社区均为政策房社区，以保障房为主。整体而言，该生活圈内的商业服务设施较为匮乏，生活圈的形成主要依赖于西二旗大街和西二旗西路交叉口处的超市发、首农生活益民菜市场一带，而没有其他商业服务设施。此外，依赖于对城市交通通道以及西二旗地铁站交通枢纽的使用，该社区生活圈中的出行功能占很大比重。

从三个基础生活圈的形态来看，较之于社区生活圈 A，其相似的程度更高，除社区边界以内的部分，每一个基础生活圈的其余部分都高度重合。因此，该社区生活圈的组合关系同样属于“叠合型”。

(5) 社区生活圈 E：当代城市家园社区、怡美家园社区、宣海家园社区。其中，宣海家园社区位于怡美家园社区所辖地块内，该地块与当代城市家园社区相邻，空间较为紧凑。安宁庄西路是该社区生活圈的主要空间载体，尽管该道路是除安宁庄东路以外的另一条南北要道，生活服务设施虽然众多，但多属于低端餐饮，缺乏大型商业服务设施，分布较为零散，因此没有较为明显的共享核心，各个基础生活圈之间各自为政，加之商业服务设施的定位难以匹配社区居民的消费能力和消费需求，因此该社区生活圈的空间范围越过京新高速，占据西侧上地信息产业空间并使用其内部设施。

该社区生活圈中的三个基础生活圈重叠程度较低，尽管与社区生活圈 C 的成因有所差异，但同样属于“邻接型”社区生活圈。

4.9 社区生活圈的规模优化

4.9.1 社区划分规模及问题分析

可操作的社区空间的划分在我国不同时期、不同地区所采用的标准差别较大（于燕燕，2003）[⑥]。就北京市而言，从查阅到的资料来看，惯例上以 6 000—8 000 人作为划定社区的规模标准，但实际上，就本书所关注的北京市清河街道来看，人口最小的社区仅 700 户，面积最小的社区仅 0.046 km^2，而最大的社区领秀硅谷，有 4 500 余户，面积也接近 1.2 km^2，之间存在数倍乃至数十倍的差异。可见，建成年代、住房性质、建筑形式、社群定位、开发商开发模式等各种因素的差异性，导致清河街道的社区之间在规模的设定上没有按照同一标准进行（表 4-7）。

而从《北京市居住公共服务设施配置指标》中设立的标准来看，建设项目级设施是“按立项文件确定的规模小于 1 000 户的住宅类项目”，社区级设施“人口规划规模一般为 1 000—3 000 户”，街区级设施的服务面积“2—3 km^2”。按照以上标准来看，部分社区仅仅满足建设项目级设施的规模标准，而部分社区已接近街区级设施的服务面积。因此，社区规划中不可以就社区而论社区，必须对社区进行组合和调整。

表 4-7　清河街道各社区的规模与建设情况对比

社区名称	家庭数（户）	面积（km^2）	建设情况
安宁里社区	2 744	0.390	始建于 1992 年，以单位房为主
安宁东路社区	1 411	0.265	1995 年建成，商品房社区
阳光社区	1 796	0.233	始建于 1996 年，含商品房、单位房、回迁房、保障房等类型
安宁北路社区	1 200	0.123	始建于 1985 年，以单位房为主
铭科苑社区	2000	0.230	始建于 1996 年，以回迁房为主
怡美家园（含宣海家园）社区	3 138	0.526	始建于 2004 年，以商品房为主
海清园社区	2 320	0.161	始建于 1980 年，以单位房为主
当代城市家园社区	3 059	0.295	始建于 2003 年，商品房社区
清上园社区	1 770	0.161	始建于 2003 年，商品房社区
力度家园社区	1 273	0.118	始建于 2007 年，商品房社区
领秀硅谷社区	4 506	1.189	始建于 2000 年，商品房社区，建筑形式以别墅为主，档次较高
长城润滑油社区	700	0.061	始建于 20 世纪 90 年代，单位社区
毛纺南小区社区	3 281	0.183	1997 年建成，单位社区
毛纺北小区社区	1 011	0.046	始建于 1992 年，单位社区
学府树社区	2 998	0.491	始建于 2007 年，商品房社区，档次较高
美和园社区	1 710	0.211	始建于 1992 年，含保障房、单位房等类型，总体属于政策房社区
智学苑社区	2 303	0.199	始建于 2000 年，住房类型为政策房，在社区居民中北京大学教职工占较大比例

这也是为什么北京市强调将邻近社区居委会进行连片共建，组成“社区自治联合体”。但这一理念目前缺乏具体的操作办法。如果采取街道办事处作为可操作的社区单元，通常 5—10 个甚至十几个社区居委会成立一个街道办事处，其地域面积和人口规模没有相关规定，例如，部分街道仅数万人，而望京、回龙观等大型社区则可以达到数十万人，差异较大。显然，单纯以街道作为可操作的社区空间是不可行的。

因此，必须要从社区间关系入手，挖掘社区之间的组合规则，确定合理的可操作社区单元。

4.9.2 组合后的社区生活圈规模分析

从聚类之后的结果来看，在 5 个社区生活圈中，社区生活圈 B 的规模较小，面积约为 1 km^2，人口为 2 410 户，但也已经接近于社区级服务设施服务人口的上限。而从其他社区来看，其面积都超过 1.3 km^2，考虑到社区生活圈的形态中存在孔隙，因此其实际占地面积已经与街区级服务设施的服务面积相当（表 4-8）。因此，组合之后的社区生活圈可以作为独立单元，采取内部社区联合规划的方式，配置成体系的一套社区服务设施，从而避免就社区而论社区，导致设施建设的缺失或浪费。

表 4-8 组合后的社区生活圈规模

社区生活圈	人口规模（户）	面积（km^2）
A	11 668	2.988
B	2 410	1.038
C	8 136	2.315
D	8 809	1.408
E	6 197	1.380

以上分析结果可以证明，基础生活圈之间叠加与组合关系是客观存在的。通过叠加与组合，在基础生活圈之上可以形成更高级的社区生活圈结构。通过对基础生活圈的组合形成社区生活圈，可以进一步平衡社区之间的规模，增强这种空间单元面向社区规划的适用性。

第 4 章注释

① 参见聂晓阳：《当代中国城市社区变迁初探：以北京为例》，硕士学位论文，北京大学，1996。

② 参见申悦：《基于行为—空间互动视角的北京郊区空间研究》，博士学位论文，北京大学，2014。

③ MOMA 为现代艺术博物馆。

④ 参见孙莹：《居住社区时空范围研究》，硕士学位论文，深圳大学，2003。

⑤ 参见王少博：《生活圈视角下泾阳县乡村社区基本公共服务设施配置研究》，硕士学位论文，长安大学，2015。

⑥ 参见汪小春：《广州城市社区空间界定研究：对街道和居委会两个层次的分析》，硕士学位论文，中山大学，2007。

5 基础生活圈划定的替代方法

在前一章中，基于自足和共享的视角构建相关指标，探索了基础生活圈的划定方法，并对基础生活圈的微观特征与结构模式进行了分析。然而，该方法仍然存在一定不足：首先，该方法仅考虑行为方面，对客观的社区地理环境信息考虑不足，而事实上，地理环境也会对居民行为形成一定的机会或制约作用，需要在基础生活圈的划定中加以考虑；其次，该方法的运算逻辑较为复杂，对于基础生活圈划定的效率较低；最后，该方法需要高精度、大样本的 GPS 行为数据支撑，由于行为调查的人力、物力成本较高，在较大空间范围内全面开展存在一定困难，因此适用场景受到一定限制（柴彦威等，2019b）。

基于上述原因，本章尝试将居民行为与地理环境进行结合，探讨如何采用新方法更加高效地进行划定，以及如何减少数据条件对划定工作的限制，从而逐步对基础生活圈的划定方法进行创新。

5.1 研究区域与数据

综合考虑数据条件基础，本章从清河街道全部调研社区中选取了 15 个社区作为研究案例。其中，在第一阶段的研究中，以 15 个社区应用结晶生长方法划定基础生活圈；在第二阶段的研究中，对 14 个社区构建时空行为需求预测模型，并以余下一个社区（当代城市家园社区）为例应用该模型划定基础生活圈，并将划定结果与其他社区的基础生活圈进行对比，以检验新方法的有效性。

在本章使用的数据方面，除前一章所使用的包含个人 GPS 数据、活动日志调查问卷数据、城市服务设施兴趣点数据在内的行为调查数据之外，还涉及人口数据、地理环境数据。其中，人口数据主要用于依据人口学特征数据对人群进行分类，以及基于社区人口年龄结构计算社区居民的步行能力；地理环境数据来自对案例地的现场调查，包括各级道路、用地和建筑轮廓数据，主要用于刻画社区及周边区域的环境特征，判断对居民步行和日常行为的机会与制约作用。数据内容、类型、来源、获取方式及使用目的如表 5-1 所示。

表 5-1 研究数据详细信息

数据内容	数据来源和获取方式	数据使用目的和作用
社区人口结构数据	来源于“北京居民日常活动与交通出行调查”，通过访谈居委会获得	用于反映社区人群构成情况，包括年龄结构、受教育水平结构和户口结构等
道路 POI 数据	自行调查获得	用于判断步行可达性
土地使用数据	自行调查获得	用于反映周边地理环境可进入性
建筑轮廓数据	自行调查获得	用于反映周边地理环境可进入性

5.2 时空行为需求视角下的基础生活圈划定思路

本章对于基础生活圈的划定分为两个阶段：第一阶段为基于 GPS 数据、采用新技术进行的基础生活圈划定工作；第二阶段则重点讨论如何采用机器学习的方法提取划定的规则，从而在不使用 GPS 数据的情况下进行生活圈的划定。

在第一阶段中，应用“基于情境的结晶生长活动空间”划定方法（闫晴等，2018；柴彦威等，2019b），结合行为调查和地理环境数据进行基础生活圈的划定，从而为推进社区生活圈规划的落地实施提供初步替代性技术方案。较之于基于传统的活动空间方法，该方法存在如下优势：首先，该方法类似于缓冲区分析，能够充分考虑社区周边地理环境，并能够更为精准地划定地理环境影响下的社区步行可达范围，反映地理情境影响下的潜在活动空间；其次，该方法兼具活动空间方法的优势，能够在可达性范围的基础上结合居民实际发生的真实活动空间，精细刻画居民对周边设施利用的差异性。

上述方法尽管较之于集中度、共享度方法下的基础生活圈划定更为高效，但是仍然需要 GPS 数据作为支撑，受到数据条件的制约。因此，在第二阶段中，面向未来大尺度、大范围的基础生活圈划定工作需求，采用机器学习的方法，基于时空行为需求的视角提取基础生活圈划定的标准与规则，从而实现在不使用 GPS 数据的情形下进行划定方法的创新。

5.3 基于新方法的基础生活圈界定技术路径

按照上述思路，基础生活圈划定替代方法的技术路径分为“基于结晶生长的基础生活圈划定”“基于时空需求预测的基础生活圈划定”两部分，前一部分为后一部分的基础（图 5-1）。

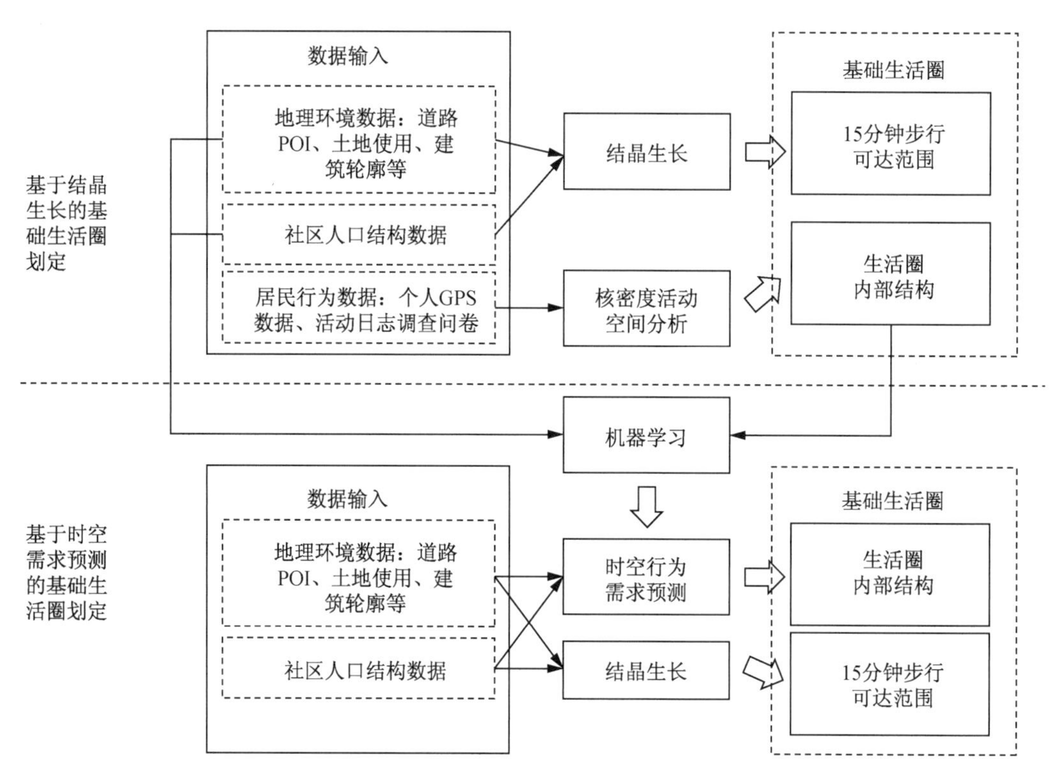

图 5-1　基础生活圈界定的技术路径

5.3.1　基于结晶生长的基础生活圈划定方法

基于结晶生长的基础生活圈划定按照如下两个步骤进行：

(1) 采用结晶生长算法识别一定步行时间内社区周边高精度的步行可达范围，以此作为划定基础生活圈的基础。结晶生长算法的基本原理是，采用六边形网格表征步行环境，通过模拟社区居民步行过程，在步行能力、步行时间和外在环境的共同制约下识别步行可达的地理环境范围，并剔除不适合步行以及步行不可达的空间范围（Wang et al., 2018c）。本书所采用的结晶生长算法还有如下优点：第一，具备缓冲区分析方法的特点，能够反映地理环境对居民步行和日常活动的制约。第二，采用六边形而不是栅格作为生长的基本网格单元，而六边形具有各向同性的特征，能够减少生长过程中的方向偏差（Wang et al., 2018b）。第三，考虑了不同人群的步行能力差异，按照中青年人群每秒1.38 m、老年人每秒0.98 m的步行速度标准，根据社区人口结构，计算社区特异的最大生长距离。第四，高精度识别不同地理要素对步行的促进或制约，包括道路、绿地、开敞空间等可步行区域，以及建筑物、围墙、不可进入地块、铁路线、高速路等不可步行区域。

(2) 在步行可达范围内划定基础生活圈的内部结构，反映居民行为分布的空间差异性。结晶生长算法可以判定居民通过步行在15分钟内能够到达的区域，但真实发生的行为还受到周边设施、居民社会经济属性的影响，因此有必要采用GPS数据来进一步解析生活圈内部结构，反映步行可达范围内活动的强度分布情况。具体来说，首先筛选出位于15分钟步行可达范围内的家外非工作、非出行活动的GPS点；然后使用核密度分析，展现GPS点所反映的活动空间特征，并采用分位数方式划分出活动低密度区、中密度区和高密度区以及无活动区（步行可达但无GPS点分布的区域）。

5.3.2 基于时空需求预测的基础生活圈划定方法

基于时空需求预测的基础生活圈划定方法利用机器学习原理，分析前一阶段划定结果中生活圈内部结构，归纳其时空行为需求与地理环境、社区人口结构之间的关系，形成基于时空需求预测的基础生活圈划定。依赖行为数据划定的生活圈内部结构，本质是居民对步行可达范围内不同区域的时空行为需求。因此，通过地理环境和社区人口结构数据与时空行为需求的关系，可以实现以地理环境、人口结构数据代替行为数据划定基础生活圈。

行为需求与地理环境、社区人口结构的关系并非线性，而是呈现复杂模糊的特性。此外，该部分模型主要采用基于规则的预测。因此，我们采用机器学习方法，挖掘时空行为需求与选择变量之间的内在关系，进而构建预测模型。机器学习方法可以有效解决经典统计模型中线性假设、单一组合的缺点，同时能够有效提升预测精度。随着新数据和新技术的日益涌现，机器学习方法已经为城市研究和行为研究提供了大量的研究机会和研究成果（怀松垚等，2018；王茂军等，2009；严海等，2019；高晓路等，2012；陈民等，2014；马艺文等，2018；Alsger et al.，2018；Tribby et al.，2017；Hagenauer et al.，2017）。

在基于时空需求预测的基础生活圈划定过程中，行为与地理环境、社区人口结构之间关系的构建是技术难点。

首先，考虑到与规划实践的有效衔接，以地块作为基本分析单元，并以地块上人均家外非工作、非出行活动GPS点的个数作为社区居民对不同用地类型地块的时空行为需求，从而将基于GPS数据划定的生活圈内部结构转换为居民对不同地块的时空行为需求，并针对不同用地类型将居民的时空行为需求划分为“高需求”与“低需求”两类。划分的标准为：采用中位数对地块人均 GPS 点的个数变量进行二分，大于或等于中位数的地块称之为“高需求”，小于中位数的地块为“低需求”。考虑到样本量限制以及该变量偏态分布的特征，以及居民对于各类用地类型的使用行为需求模式存在较大差异性，因此针对公共服务设施、商业服务设施、公园绿地、居住以及其他五类用地类型分别构建预测模型；同时，通过对比经典回归分析方法与机器学习的不同算法，以验证该模型的预测精度。

其次，进行行为需求预测模型变量的选取。自变量的输入包括地块特征、POI 设施以及社区人口结构三类。自变量选择需考虑两个方面的原则：第一，与居民对基础生活圈中不同地块的时空行为需求紧密相关；第二，获取成本低，便于应用推广。综上，选取三类、七项自变量（表 5-2）。其中，地块距离和地块面积表征地块的基础特征，地块距离社区中心点越远、地块面积越小，往往居民对该地块的时空需求越少、使用频率越低；地块上的商业服务设施数量和公共服务设施数量表征对居民的吸引程度，设施数量越多，对于居民的吸引能力越大。在社会经济属性方面，社区居民的年龄、受教育水平和户口结构构成了人群对地块需求差异性的影响因素。

表 5-2　时空行为需求预测模型构建所需变量

变量类型及变量名	变量定义及解释
预测变量	
地块人均 GPS 点个数	计算社区 15 分钟步行可达范围内每个地块上 GPS 点的个数并除以该社区调查样本数，反映居民对基础生活圈内不同地块的时空需求情况
自变量	
地块距离	每个地块距社区中心点的长度，与时空行为需求成反比
地块面积	每个地块的面积，与时空行为需求成正比
商业服务设施数量	每个地块内的商业服务设施数量，与时空行为需求成正比
公共服务设施数量	每个地块内的公共服务设施数量，与时空行为需求成正比
社区年龄构成	计算幼年（0—14 岁）、青年（15—29 岁）、中青年（30—49 岁）和中老年（50 岁以上）人群占总常住人口的比例
社区受教育水平构成	计算高中以下和高中及高中以上学历占常住人口的比例
社区户口构成	计算户籍人口占总常住人口的比例
其他变量	
地块土地使用类型	根据北京市《城乡规划用地分类标准》（DB 11/996—2013），并结合研究需求，将土地使用类型合并为公共服务设施、商业服务设施、居住、公园绿地及其他五类

最后，构建预测模型，并以逻辑斯蒂（Logistic）回归模型为基准，验证机器学习方法的预测精度以及学习方法的有效性。针对“高需求”和“低需求”两类地块，采用机器学习中的决策树算法，通过计算机学习原始数据的模式与规律，实现对数据的深度挖掘。决策树算法是常用的分类算法，决策从根节点开始，不断使用特征对数据进行分类，最终得到树状的分类结果。主要的决策树算法包括 ID3、C4.5、C5.0、CART[①]等（Quinlan，1986；Breiman et al.，2017）。在机器学习的过程中，单个模型预测的准确度往往相对较低，通过集成学习的方法将多个模型组合起来，可以获得更加准确的预测结果。套袋（Bagging）算法、随机森林（Random Forest）算法和提升（Adaboost）算法是三种主要的集成学习方法（Breiman，1996；Freund et al.，1997）。目前，决策树算法在交通行为研究中具有广泛应用，包括出行方式选择、出行目的预测、出行路径选择等，具有较高的预测精度（Wang et al.，2018a；刘春禹等，2018）。作为对比，二元逻辑斯蒂（Logistic）回归方法也可用于二分类变量预测，我们将其与机器学习中常用的五种决策树算法展开对比，分别构建不同用地类型的行为需求模型，对比所选择的各类算法构建出来的模型的预测误差，选择误差最小即预测正确率最高的模型作为该用地类型行为需求预测模型的最终结果（图5-2）。

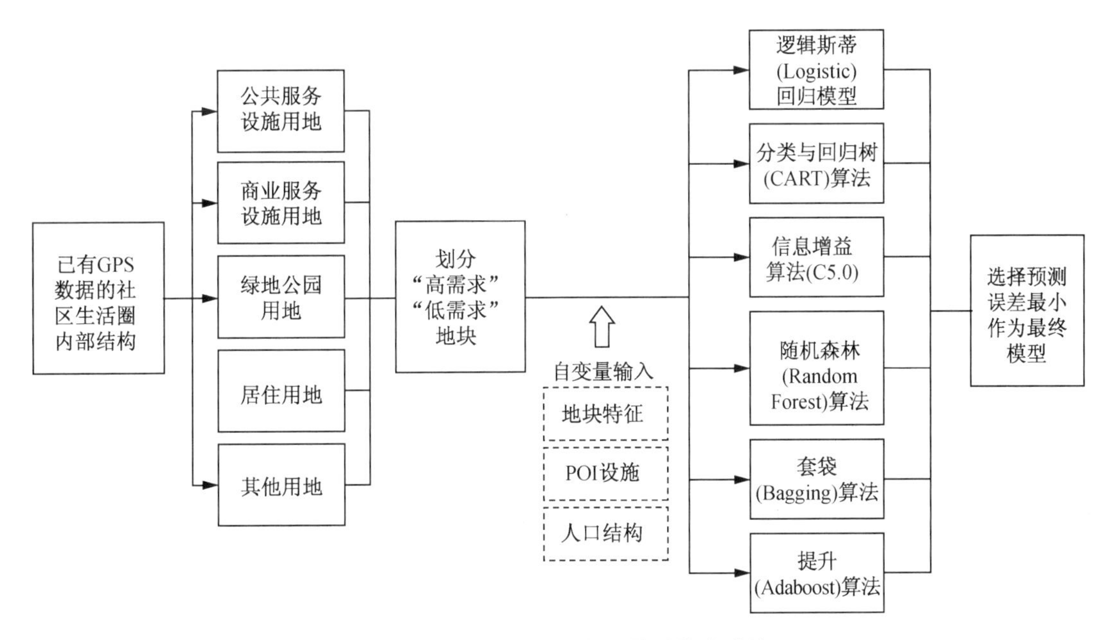

图 5-2　时空行为需求模型构建技术路线

5.4 基于替代方法的基础生活圈划定结果

5.4.1 基于结晶生长的基础生活圈划定结果

基于结晶生长方法划定的 15 分钟步行可达生活圈反映了社区及周边高精度地理环境对居民步行能力的制约。从识别结果来看，15 分钟步行可达生活圈是一个不规则但内部连通的多边形，并表现出沿道路扩展的特性。步行可达生活圈的形态受到地理环境影响，例如在清河街道东西两侧京新高速和京藏高速的限制作用下，可达生活圈主要向清河街道内侧生长；处在高速路、快速路和不可进入区域附近的可达生活圈形态沿主要道路扩展，不可达区域较多（如安宁北路社区、安宁东路社区和安宁里社区）；清河街道中部、周边步行环境较好的社区的可达生活圈形态更接近圆形，且内部也更为饱满（如清上园社区、学府树社区）。

在 15 分钟步行可达生活圈的基础上，利用调查所获得的居民 GPS 轨迹数据，刻画生活圈的内部结构。对不同基础生活圈内部结构的对比发现：社区内的公共空间是各社区居民共同使用的热点区域；社区外呈现沿道路扩展的点轴形式、围绕社区向外扩展的单中心形式、围绕社区和其他重要设施扩展的多中心形式等多种利用方式（图 5-3）。

通常认为，不受制约的活动有利于提高居民健康和居住满意度以及构建社区社会资本（黄怡等，2018）。因此，无活动区意味着生活圈中缺乏居民日常生活所需的设施，或者可能存在其他非物质环境的软性制约。因此，未来社区生活圈规划应该着重关注对无活动区的优化，采取设施提升、优化步行环境、减少物质性和制度性的制约等措施，以提高居民对步行可达生活圈内各个区域的使用频率。同时，还需要重点关注未建设设施但居民实际活动强度较高的区域，一方面在未来社区治理中需要考虑此类区域可能面临的消防、卫生和治安问题；另一方面在社区更新中可以考虑在此类区域规划建设正规设施供居民使用。

5.4.2 基于时空需求预测的基础生活圈划定结果

（1）模型变量选取

将划定的基础生活圈的步行可达生活圈与不同用地地块叠合，识别每个社区 15 分钟步行可达的所有地块单元，并在每个地块单元上识别该社区调查样本所有的家外非工作、非出行活动的 GPS 点（图 5-4）。由于 GPS 点采样间隔相同，因此可以将每个地块上的 GPS 点的数量视为该社区居民在 15 分钟步行生活圈内对各个地块的时空行为需求。由

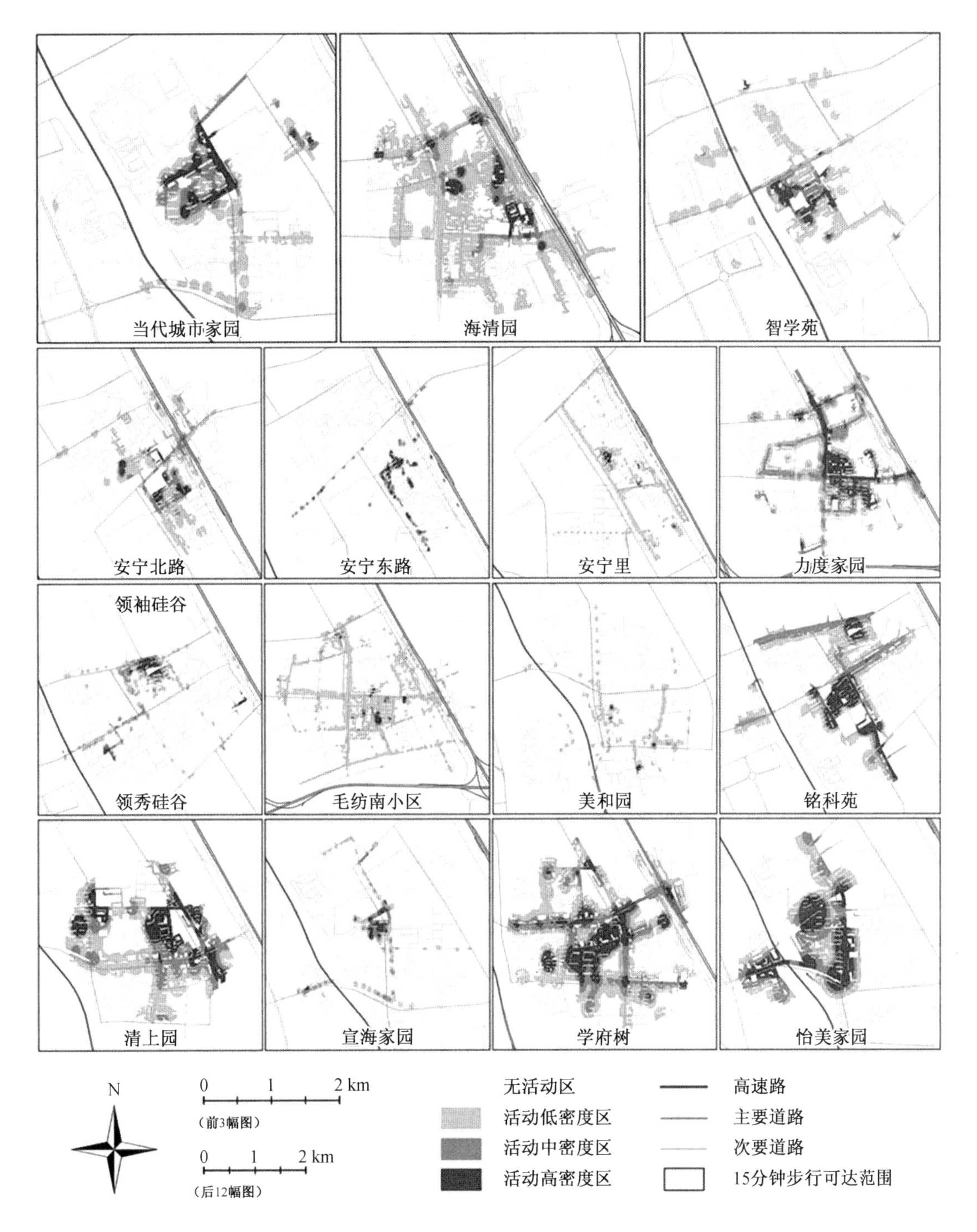

图 5-3　清河街道 15 个社区 15 分钟步行可达生活圈及内部结构

于每个社区的抽样样本数量具有差异，因此采用地块上的人均 GPS 点作为最终的行为需求当量。除此之外，提取每个地块到社区中心点的距离、地块面积、公共服务设施和商业服务设施个数，并连接每个社区的人口结构信息，以此作为模型输入的自变量。

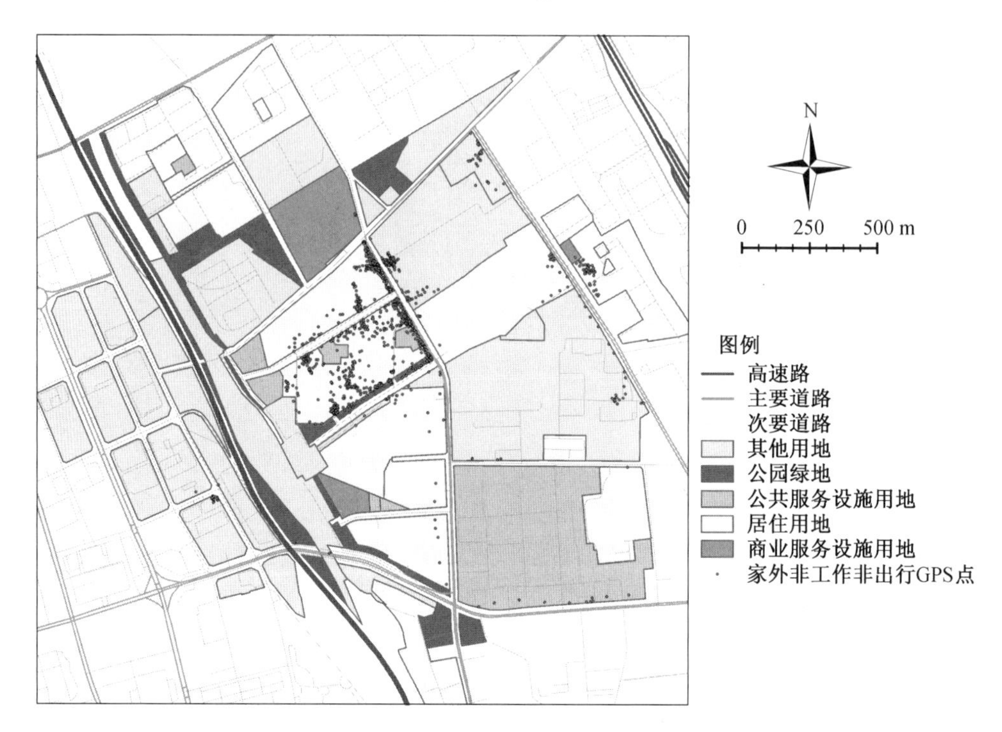

图 5-4　数据预处理结果示意图

(2) 预测模型算法选取

针对不同用地类型，采用前述六种方法构建预测模型。各类用地不同算法构建的模型预测错误率如图 5-5 所示。可以看到，逻辑斯蒂(Logistic) 模型的预测错误率一般要高于机器学习各类算法的预测误差，在大部分用地类型中预测误差都超过了 50%，这说明了采用机器学习方法的优势性。在决策树的 5 种算法中，集成学习算法的预测错误率一般低于分类与回归树（CART）算法和信息增益算法（C5.0），这说明时空行为需求与输入的自变量之间只存在弱关系，需要通过集成学习才能构建比较精确的预测模型。对于集成学习的三种算法而言，不同用地的预测错误率也有很大差别，因此，对于每一类用地，分别选择预测错误率最低的集成算法作为最终的预测模型，以进一步提升预测精度。其中，公共服务设施用地与居住用地选择套袋（Bagging）算法，商业服务设施用地与公园绿地用地选择提升（Adaboost）算法，其他用地选择随机森林（Random Forest）算法。

除此之外，集成学习算法构建的时空行为需求预测模型还返回了不同解释变量的重要性，可以理解为回归模型中的系数大小（图 5-6）。

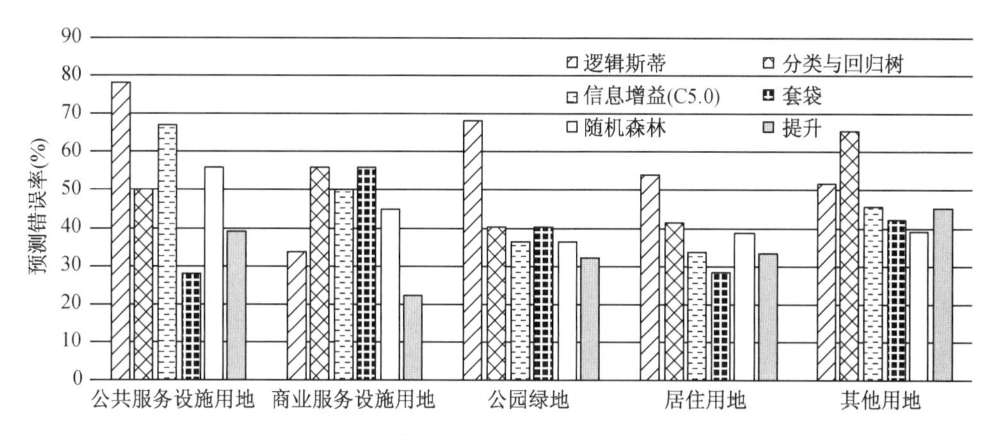

图 5-5　各类算法在不同用地类型中的预测错误率

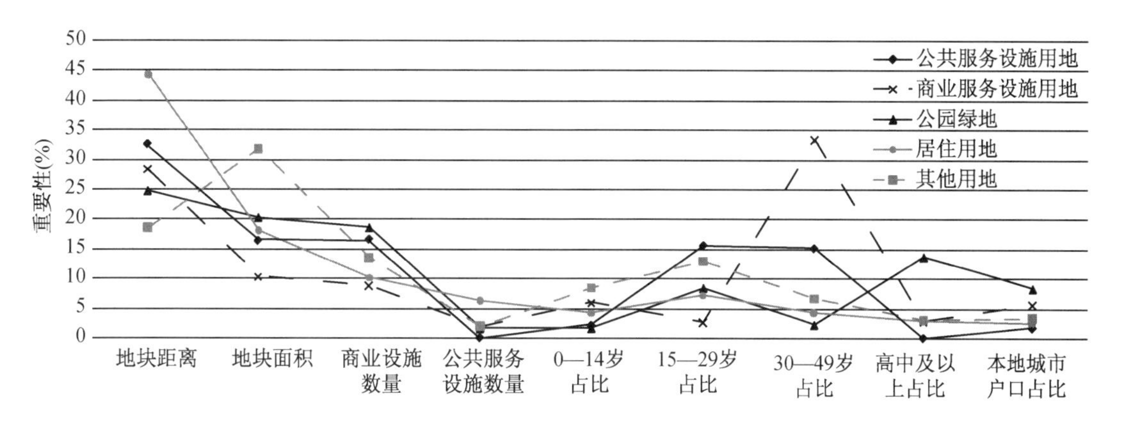

图 5-6　地块属性及社区人口构成变量对不同用地类型预测模型的重要性

重要性越大，说明该变量对于时空行为需求预测的贡献越大。可以看到，不同用地类型构建的行为需求预测模型之间有相似性，也有差异性。

相似性体现在地块特征变量的重要性高于设施数量和社区人口构成的重要性。距离越近、面积越大，行为在该用地上的分布越多，即居民对该用地的需求越大，充分体现了地理学距离衰减定律。另一方面，在设施数量变量重要性中，商业服务设施数量的重要性要高于公共服务设施数量的重要性，这反映了商业服务设施的数量对居民日常生活影响更大，设施数量越多的地块就越能够对居民的活动产生吸引。

差异性体现在不同用地类型的需求预测模型在不同变量的重要性排序上有所不同，尤其是社区人口构成变量的重要性。比如社区 30—49 岁人口占比对商业服务设施用地需求预测模型的重要性明显高于其他类型用地，这反映出中青年人群因为有较强的工作活动限制以及家庭事务的义务，而对社区周边的商业服务设施用地有较高的需求。同时，距离和面积的重要性排序在不同的用地类型预测模型中也有所差异，居民行为对居住用地和公共服务设施用地需求的距离衰减效应比较明显，而其他用地的面积效应则更为突出。

(3) 划定结果

根据构建模型的技术框架，在针对不同用地类型分别基于集成学习算法构建时空行为预测模型后，即可利用预测模型，脱离 GPS 数据进行基础生活圈的划定。首先采用用地、道路和建筑轮廓等地理环境数据，基于“结晶生长”算法划定 15 分钟步行可达生活圈（图 5-7）。其次，将步行可达生活圈与用地数据叠合，提取地块属性、用地类型、地块设施数量，并与当代城市家园社区人口结构一起构建时空行为需求预测数据库。再次，区分不同的用地类型，分别采用前述时空行为需求预测模型对当代城市家园社区居民对周边地块的需求进行预测。最后，将预测结果投影在步行可达生活圈内，即可得基础生活圈划定的最终结果（图 5-8 左图）。

图 5-7　当代城市家园 15 分钟步行可达生活圈范围

将基于时空行为需求预测划定的基础生活圈，与基于实际时空行为需求数据（GPS 数据）划定的基础生活圈（图 5-8 右图）进行比较，发现预测结果较好，正确率接近 60%。进一步对比可以发现，预测结果高估了居民对离社区较近居住用地地块的时空行为需求，这反映出临近社区对居民日常行为有较高的吸引力，但是由于门禁和围墙的限制作

图 5-8 基于时空行为需求预测模型（左）以及实际 GPS 数据（右）的基础生活圈划定结果

用，实际行为分布较少。对于一些距离较远的用地地块以及其他用地类型的地块，预测结果与实际情况匹配较好。

5.5 基础生活圈划定替代方法的启示

较之于依托 GPS 数据进行的基础生活圈划定，新的基于结晶生长与机器学习的方法不仅简化了算法流程，而且也减少了数据条件的制约，以较低的调查成本获得相对可靠的基础生活圈划定结果。此外，未来的社区生活圈规划实践工作，不仅包括在建成区范围内的社区空间存量更新，而且会涉及大量的新建区域的开发建设。在这种情形下，基于经验与规则的划定方法能够有效地解决现状数据不足的问题，采用“从无到有”的工作路径，快速地进行基础生活圈的空间划定工作，推进生活圈的方案制订与实施落地。而面向这一要求，则需要基础数据的不断积累、经验规则的不断完善。因此，就研究方法演进的关系而言，新的方法并非是对于数据驱动研究工作的简单取代，而是基于数据的研究为新方法的应用提供基本素材，新方法则为数据的应用提供场景延伸，二者连续不可分割。未来的研究路径也必将是加强前后研究方法的关联性，形成滚动式、传导式的工作模式。

第 5 章注释

① ID3、C4.5、C5.0 均属于一类算法，即信息增益算法；CART 为分类与回归树。

6 社区生活圈的行为特征及影响因素

社区生活圈的规划设计是一个有意识的、具有目标导向的对环境塑造的过程。通过对建成环境物质属性的操纵，设计师最终可以从审美、功能、经济和社会维度对于建成环境做出改变。而规划设计可直接或间接地影响个人的空间和社会行为。因此，建筑师和城市规划师希望通过比较设计方案对人类行为所带来的可能影响，进行不同设计方案的事前评价。传统的设计师采用经验法则，但并没有明确地分析和预测人类行为。

时空间行为研究倾向于从影响因素的视角探究行为空间的形成机理，从而为规划的方向给予指引。基于行为的规划，其核心问题是怎样预测个体的空间选择行为：当给定物质环境属性、个体特征、个人区位和空间选择集的区位模式下，一个随机选择的个体是如何选择特定空间的？行为研究者通过透视感知—认知—偏好结构—选择的过程，建立起选择行为和环境之间的关系，揭示从物质环境到选择行为的决策过程的本质（Timmermans，1991）。

在空间选择的理论下，生活圈的本质是一种选择结果，受到个人的社会经济属性、居住地的建成环境等多种因素影响。利用多元统计方法等可以同时考虑社会经济、建成环境和行为的具体特点，并允许在个人、家庭甚至是单个活动等非汇总层面开展分析，更加明确地表达个人层面的选择与决策（Reilly et al.，2003）。本章以个体居民为研究样本，试图采用多线性回归模型，探讨不同尺度下建成环境对社区生活圈的影响。

6.1 基础生活圈的行为特征

每一个个体居民基础生活圈的空间形态都被认为是其活动路径和活动地点的集合。为了定量描述基础生活圈的空间形态，本书从行为区位的角度出发，以“时空路径”与“停留点”作为关键指标，对于每一个个体居民的基础生活圈进行计算描述，进而用以分析其影响因素。

6.1.1 基础生活圈停留点特征描绘

由于本书中的生活圈是以家为中心所界定的概念，因此首先挑选与居住地发生直接关联的出行和活动（从家出发直接到达，或从活动地点直接到家），剔除发生在出行链上的其他活动。此外，按照前面已经验证的概念框架，提取出通过步行出行方式完成、非工作的家外活动的GPS数据，作为测度基础生活圈的基本数据。

选取运用散点轮廓算法（Alpha-shape）提取居民GPS定位点的点集轮廓，作为基础生活圈中每一个停留点的边界，对基础生活圈停留点结构进行识别。通常散点轮廓算法（Alpha-shape）包括三角剖分算法（Delaunay）三角网绘制、删除边缘三角形、提取三角网边缘等步骤，且需要复杂的迭代运算（周飞，2010）。为便于操作以及考虑研究精度要求，对这一方法进行简化，具体处理方法如下：

（1）数据筛选。针对所有社区，首先按照前述基础生活圈的界定标准，选出每个样本活动地点在家以外、采取步行出行方式、活动类型为非工作活动（包括用餐、购物、遛弯、体育锻炼、社交活动、外出办事、娱乐休闲、联络活动、个人护理、看病就医、外出旅游）的活动与出行的GPS点集。

（2）构造通视线。使用ArcGIS软件的构造通视线（Construct Sight Lines）工具，将每一个社区任意两个GPS点连线，并通过几何计算得到每一条线段的长度。

（3）筛选通视线。按照散点轮廓算法（Alpha-shape）的绘制原理，被保留的通视线长度不应大于包绕该点集的圆的直径，即半径参数 α 的2倍。将所有长度大于 2α 的线段进行删除。

（4）选取外轮廓[①]。以剩余的线段所包绕的范围进行外轮廓的选取，作为散点轮廓算法（Alpha-shape）的图形，并计算其面积（图6-1）。

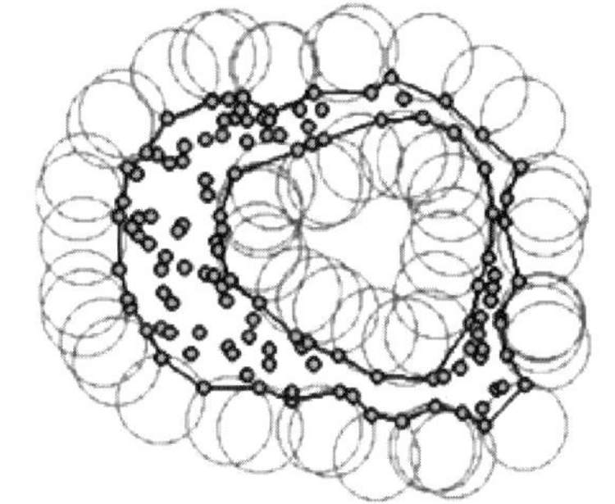

图6-1 将点识别为面的散点轮廓算法（Alpha-shape）示意图

由于不同的 α 参数确定的图形结果不同，这些图形的轮廓、面积、到达范围各不相同，不便于应用，因此需要筛选出最优的 α 参数。经过尝试与比对，最终确定 α 值为10 m。

6.1.2 基础生活圈时空路径特征描绘

传统的二维地图表达丢失了空间行为中的时间信息，而时间地理学的时空路径则表达了时间、活动和出行的持续时间与顺序信息（Lenntorp，1978）。尤其是GIS技术的成熟使得时空路径可以置于具体的地理环境中，表现出真实的活动历程（Kwan，2004）。

一方面，基础生活圈的时间性与空间性同样重要，在时间上展开的分析更有助于我们从日常生活的发生角度来理解基础生活圈的形成过程；另一方面，从空间来讲，基础生活圈的停留点并非孤立存在的，而是通过社区居民的出行路径形成内部的关联。为了理解基础生活圈的过程原理，以及为清晰地反映停留点内部的结构关系，以GPS数据在时间轴上进行展开，形成基础生活圈的时空路径，并与停留点所在的空间进行比对。

图6-2中的空间可以看作二维的平面空间与时间相结合形成的三维时空结构；垂直方向代表了一天24小时的过程，城市空间信息作为底图，对应着上方时空路径的实际二维平面空间位置。这里将时空路径与停留点的表达进行了结合，将停留点在时间轴上进行了拉伸，形成垂直柱状，以便与时空路径进行对照。此外，将每个社区的边界在底图上进行呈现，以明确基础生活圈的分布与社区的位置关系。

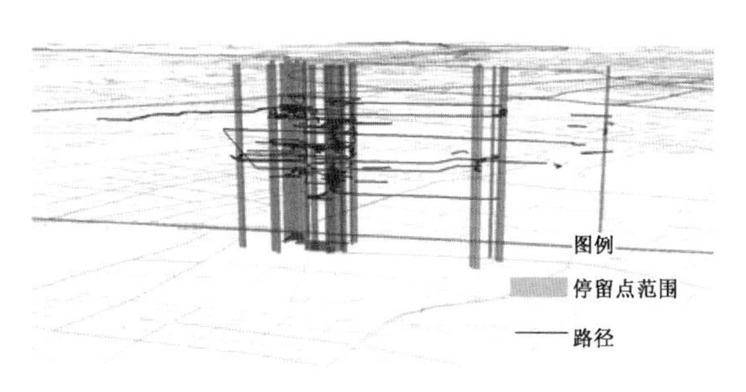

（a）安宁北路社区

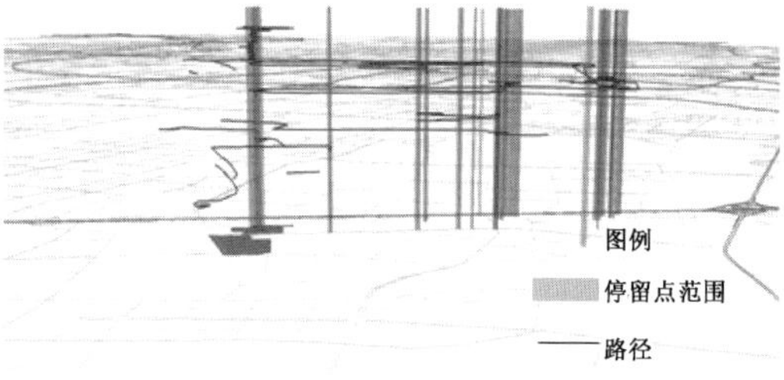

（b）安宁东路社区

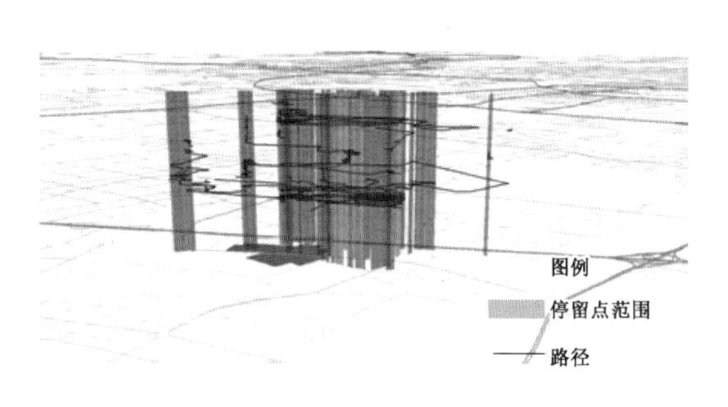

（c）安宁里社区

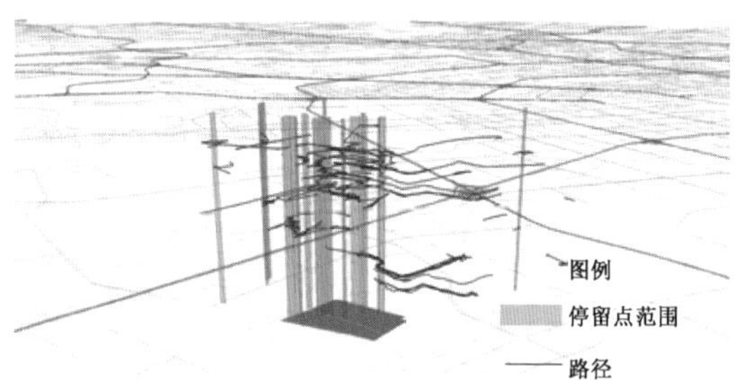

（d）当代城市家园社区

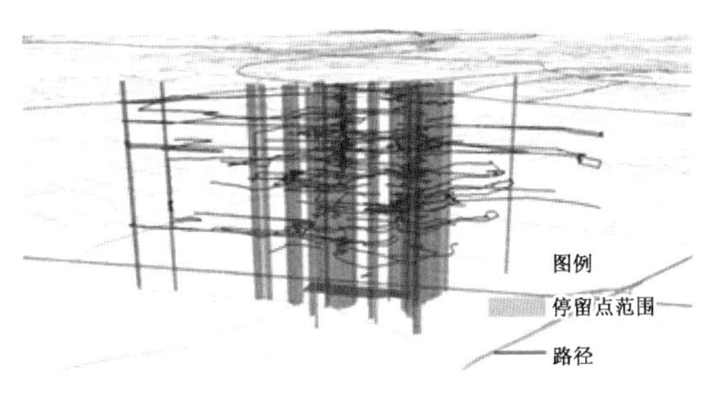

（e）海清园社区

图例
停留点范围
路径

（f）力度家园社区

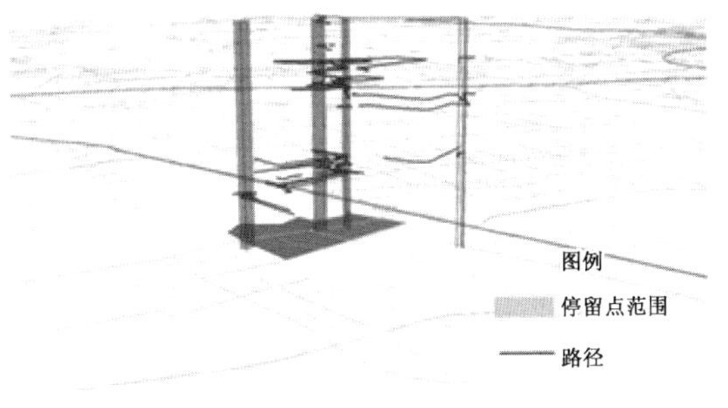

（g）领秀硅谷社区

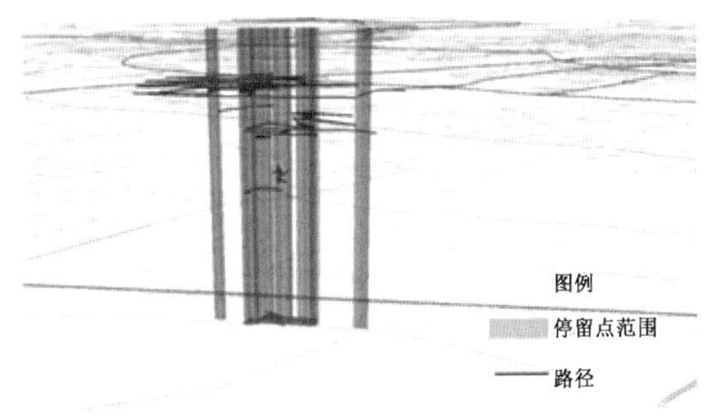

（h）毛纺北小区社区

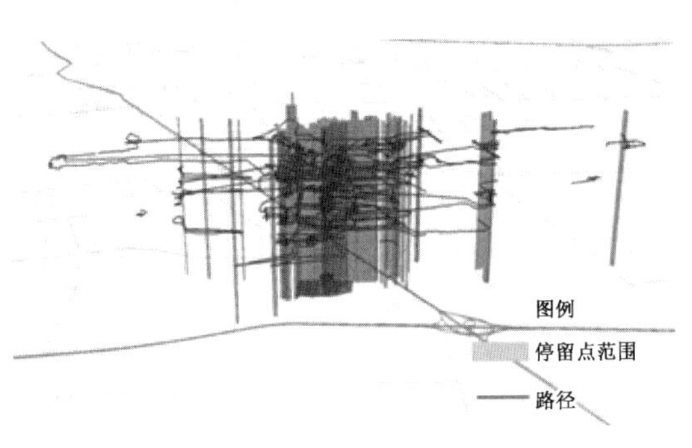

（i）毛纺南小区社区

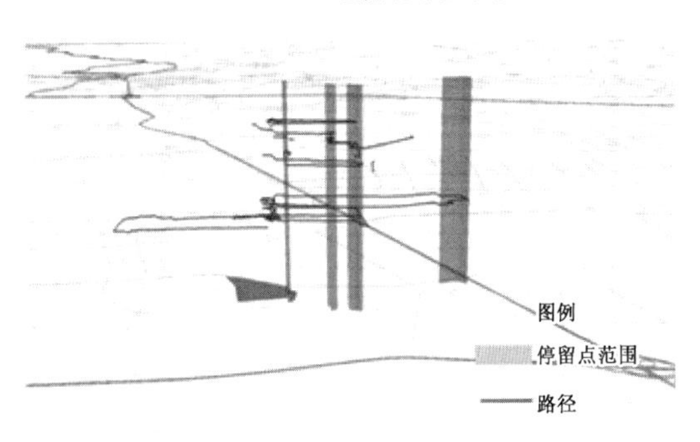

（j）美和园社区

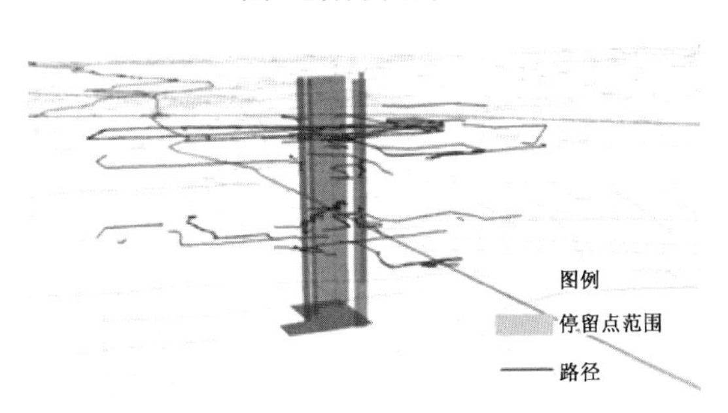

（k）铭科苑社区

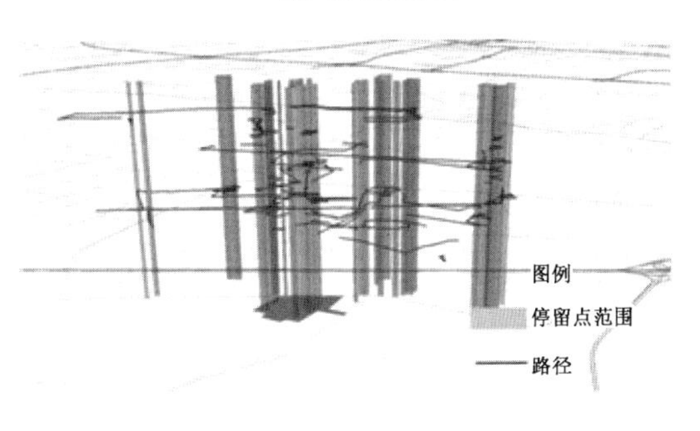

（l）清上园社区

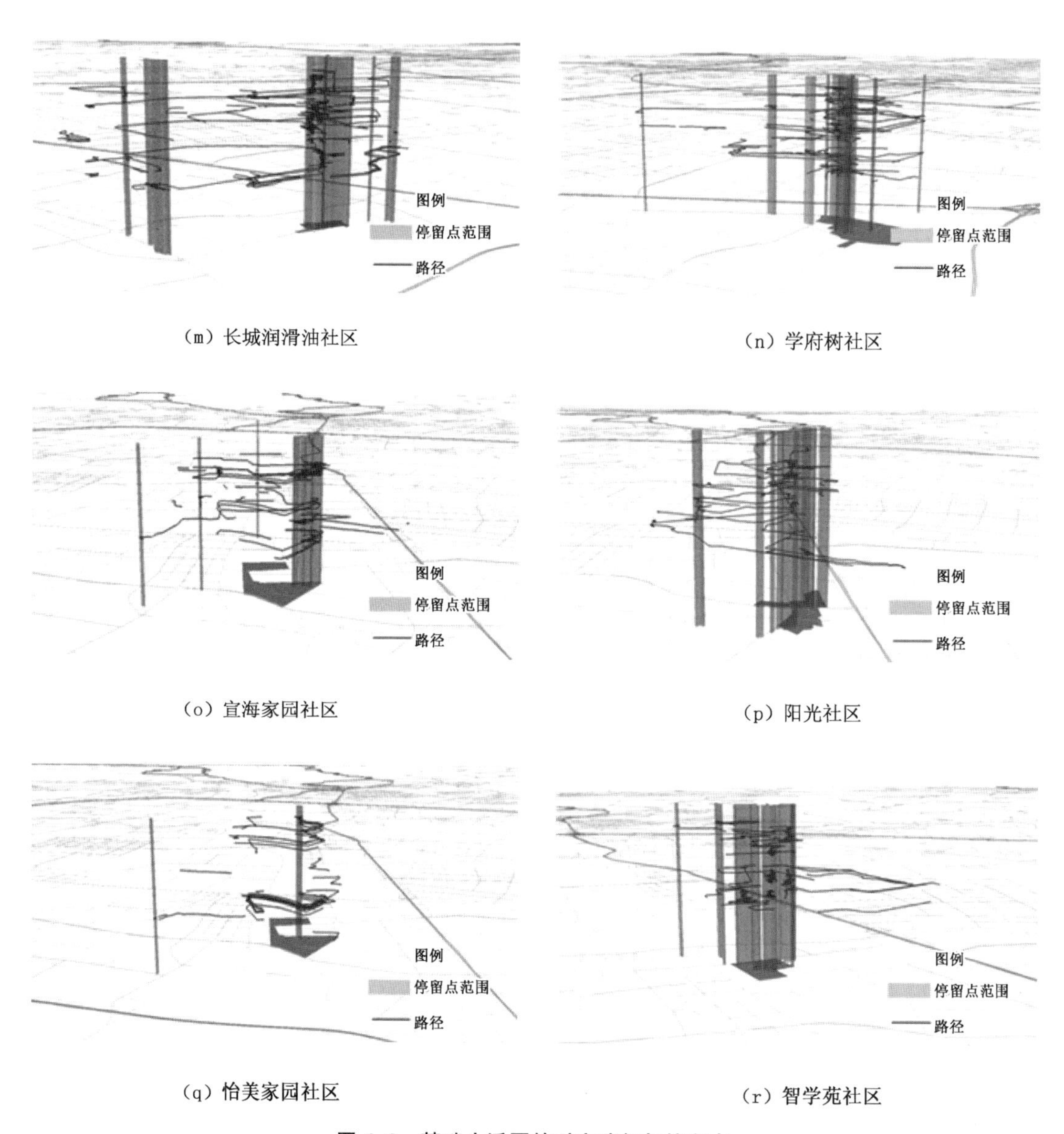

（m）长城润滑油社区　（n）学府树社区

（o）宣海家园社区　（p）阳光社区

（q）怡美家园社区　（r）智学苑社区

图 6-2　基础生活圈的时空路径与停留点

6.1.3　基础生活圈的时间特征

从时间的分布上来看，大部分的社区生活活动集中在日间，集中在上午 10 点至晚 19 点之间。且安宁里、当代城市家园、领秀硅谷、铭科苑、怡美家园、智学苑等社区，其基础生活圈内的出行存在显著的两个出行频率较高的时间段，一般为中午 11 点左右与晚 19 点左右。中午的出行很可能与每日通勤的制约下基础生活圈内的活动往往结合通勤往返出行而发生的特点有关；而晚间的出行更多地为满足餐后的购物、休闲。这体现了现代城市生产节奏之下个人的生活时间也随之受到压缩，社区生活活动仅仅集中在固定时段发生。

但海清园社区、毛纺南小区社区作为传统的单位社区，其基础生活圈的时间节律性则不明显，不仅出行的分布在时间上较为均匀，而且晚间出行较多，部分活动可以延续到 23 点左右。这说明，单位社区的居民闲暇时间更多，其社区生活受到的制约较小。

6.1.4 基础生活圈的空间特征

从停留点的空间特征来看，单位社区的停留点分布明显更为集中，且毛纺南小区社区内部存在一个较大的停留点，从现实情况来看，毛纺南小区社区内部存在着菜市场等业态，因此有相当一部分的购买行为是在社区内部发生的。这种停留点的分布特征体现了单位社区自我完善的设施配置模式。相比之下，商品房社区和政策房社区的停留点分布则相对较为零散。但单位社区中在基础生活圈内发生的出行距离却较长，这些出行都是依靠步行的出行方式发生的，说明单位社区居民的非机动出行方式的发生比率要高于其他类型的社区，这种非机动化的出行特征已经在以往的研究中得到了证明（马静等，2011）。

路径的空间特征能够反映各停留点之间的关联关系。这种空间关系可以分为几种典型的模式。首先，部分社区生活内的路径为单一的"家—活动地点"的模式，其空间形态是放射状的路径形态，其活动内容的构成多为简单的单目的地出行，如智学苑社区；其次，某些社区的路径则在停留点之间形成复杂的连接结构，形成网状的路径形态，其出行路径往往经过若干个停留点，且停留点的等级较为接近；最后，某些社区的路径呈现明显的等级结构特征，通常存在几个主要的停留点，并由主要的停留点衍生出次要的停留点，从等级结构上来看，形成树枝状的路径形态，如清上园社区（图 6-3）。

这种空间模式的差异，一方面是由社区本身的性质所决定的，例如单位社区的基础生活圈更多呈现网状结构，而商品房社区的基础生活圈则更倾向于呈现放射状和树枝状结构，这是由于不同类型社区的居民在社区生活时间总量上的差异，以及采取不同类型的出行链模式等原因造成的；另一方面则与社区周边的设施建设水平相关，社区周边的服务设施发育越完善，越有利于基础生活圈形成网状结构，而社区周边的设施较为匮乏，则会使基础生活圈形成放射状的结构。

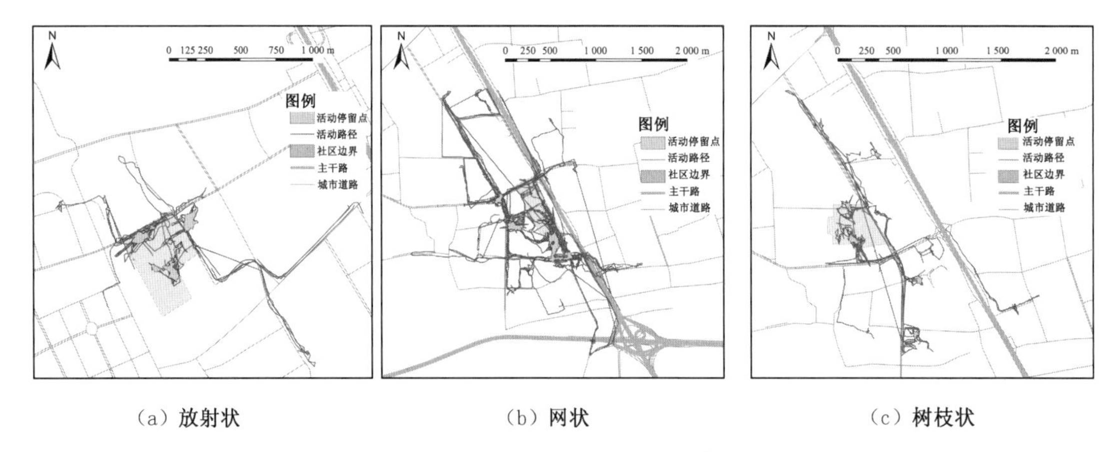

（a）放射状　　（b）网状　　（c）树枝状

图 6-3　基础生活圈的活动路径空间模式

6.2　基础生活圈影响因素分析

6.2.1　变量选取

(1) 社会经济属性变量

在控制社会经济属性的同时，这里重点考察何种建成环境能够对个体在基础生活圈中的行为产生影响。社会经济属性的变量包括年龄、性别、收入水平、受教育程度等，其中收入水平和受教育程度作为分类变量进行处理，划分为不同的等级。

总体而言，在最终的样本中，从性别来看，男女比例相当，男性略多于女性；从年龄及婚姻来看，平均年龄为 37.8 岁，皆为已婚家庭成员；从户籍来看，北京本地居民占绝大多数，超过 88%的居民拥有北京户口；从受教育程度来看，77%以上的居民拥有本科或大专以上学历，但仍有 22.31%的居民拥有高中（或中专）及以下学历；从就业状况与收入水平来看，全职就业者约为 83%，中等收入者（2 000—4 000 元）占 38.98%，高收入者（6 000 元以上）约占 22%；从出行能力来看，约 44%的居民拥有驾照，58.5%的居民家中拥有至少一辆小汽车，自行车拥有率为 100%，电动自行车的拥有率较低；从住房情况来看，大部分居民的住房为自有住房，占比为 85.99%；从所居住的社区类型来看，单位社区和商品房社区比例较高，分别为 33.87%和 40.59%，政策房社区居民约为 14%。总体来说，该样本代表了该地域的主体居民特征（表 6-1）。

表 6-1　社区居民样本社会经济属性统计

变量		均值或百分比（%）	变量		均值或百分比（%）
性别	男性	52.15	受教育程度	高中（或中专）及以下	22.31
年龄	平均年龄	37.80			
	15—24 岁	3.76		本科或大专	60.22
	25—34 岁	40.59		研究生及以上	17.47
	35—44 岁	31.99	婚姻	未婚	0.00
	45—54 岁	19.09	就业状况	全职	83.87
	55—64 岁	4.57	收入水平	2 000 元以下	20.97
户籍	北京户籍	88.98		2 000—4 000 元	38.98
驾照	有驾照	43.55		4 000—6 000 元	17.74
自行车拥有状况	均值（辆）	1.22		6 000 元以上	22.31
	拥有率	100.00	住房情况	住房为自有	85.99
电动自行车拥有情况	均值（辆）	0.29	社区类型	单位社区	33.87
	拥有率	26.08		商品房社区	40.59
小汽车拥有状况	均值（辆）	0.63		政策房社区	14.25
	拥有率	58.50		混合社区	11.29

（2）建成环境变量

为便于更加精确地考察地理背景，为量化模型研究提供支撑，在此引入 POI 数据进行建成环境的刻画。

因为 POI 数据难以获得每一个服务设施的等级、规模，而仅能知晓 POI 设施类型，因此，本书通过统计各类设施 POI 点的密度进行建成环境的反映。以社区边界向外做 500 m 缓冲区，并在该范围内统计各类设施的密度，以此作为建成环境的反映指标。之所以选择 500 m 的标准，一是为了能够反映出社区周边的微观建成环境特征，另一方面则是在清河街道空间尺度之下尽量反映出社区之间的差异性。密度的统计在 ArcGIS 下通过空间连接（Spatial Join）工具完成。对于 POI 点，将其分为餐饮、购物、生活服务、教育、医疗、休闲、交通设施几大类进行统计（图 6-4）。

（3）基础生活圈特征指标

基础生活圈的指标则选取停留点的平均面积和总面积、路径的平均长度和总长度进行分析。其中，停留点的平均面积和总面积能够在一定程度上反映居民对于基础生活圈内空间利用的“可达性”；而路径的平均长度，

图 6-4 研究区域的 POI 点

则反映了居民的个体行为能力，体现了其“移动性”（表 6-2）。

表 6-2 基础生活圈影响因素的研究变量

<table>
<tr><th>变量名称</th><th>变量类别</th><th>备注</th><th colspan="2">变量名称</th><th>变量类别</th></tr>
<tr><td colspan="3">1. 社会经济属性</td><td rowspan="6">2. 建成环境</td><td>餐饮（个/km）</td><td>连续变量</td></tr>
<tr><td>性别</td><td>虚拟变量</td><td>1=男，0=女</td><td>购物（个/km）</td><td>连续变量</td></tr>
<tr><td>年龄</td><td>连续变量</td><td>—</td><td>医疗（个/km）</td><td>连续变量</td></tr>
<tr><td rowspan="3">受教育程度</td><td rowspan="3">虚拟变量</td><td>高中（或中专）及以下（参照变量）</td><td>教育（个/km）</td><td>连续变量</td></tr>
<tr><td>本科或大专</td><td>休闲（个/km）</td><td>连续变量</td></tr>
<tr><td>研究生及以上</td><td>交通设施（个/km）</td><td>连续变量</td></tr>
<tr><td rowspan="4">收入水平</td><td rowspan="4">虚拟变量</td><td>低收入：2 000 元以下</td><td rowspan="4">3. 基础生活圈指标</td><td>平均停留点面积（m^2）</td><td>连续变量</td></tr>
<tr><td>中低收入：2 000—4 000 元（参照变量）</td><td>停留点总面积（m^2）</td><td>连续变量</td></tr>
<tr><td>中高收入：4 000—6 000 元</td><td>平均路径长度（m）</td><td>连续变量</td></tr>
<tr><td>高收入：6 000 元以上</td><td>路径总长度（m）</td><td>连续变量</td></tr>
</table>

6.2.2 模型结果

以社会经济属性与建成环境的 POI 密度作为自变量，以四项基础生活圈特征指标作为因变量，分别进行多元线性回归，得到模型结果如表 6-3 所示。

表 6-3　基础生活圈影响因素分析的回归结果

类别		模型 1:平均停留点面积		模型 2:总停留点面积		模型 3:平均路径长度		模型 4:总路径长度	
		系数	P 值	系数	P 值	系数	P 值	系数	P 值
截距		—	0.062	—	0.058	—	0.198	—	0.826
性别(男)		0.106	0.125	0.063	0.364	0.162	0.018	0.061	0.381
年龄		0.117	0.114	0.206	0.006	0.007	0.926	0.186	0.012
受教育程度	本科或大专	0.153	0.090	0.039	0.659	0.047	0.596	−0.006	0.943
	研究生及以上	0.338	0.001	0.099	0.321	0.257	0.010	0.024	0.807
收入水平	0—2 000 元	0.105	0.175	−0.025	0.749	0.016	0.833	0.044	0.567
	4 000—6 000 元	−0.001	0.988	−0.135	0.072	−0.164	0.028	−0.145	0.054
	6 000 元以上	−0.041	0.623	−0.051	0.540	−0.086	0.292	−0.076	0.358
餐饮		0.149	0.383	−0.169	0.320	−0.243	0.149	−0.283	0.098
购物		0.630	0.014	−0.024	0.925	0.463	0.065	0.002	0.992
交通设施		0.189	0.032	0.200	0.023	0.057	0.511	0.084	0.338
教育		0.378	0.130	−0.035	0.887	0.461	0.062	0.014	0.955
休闲		−0.532	0.110	0.373	0.261	−0.436	0.184	0.358	0.280
医疗		−0.282	0.348	0.027	0.927	−0.102	0.730	−0.042	0.887
统计结果		$R^2=0.100$　$F=1.737$　$P=0.557$		$R^2=0.105$　$F=1.835$　$P=0.040$		$R^2=0.126$　$F=2.254$　$P=0.009$		$R^2=0.104$　$F=1.812$　$P=0.043$	

注:R^2 为拟合优度;F 为检验统计量值;P 为显著性水平。

6.2.3 个人社会经济属性对基础生活圈的影响

根据回归结果，性别、年龄等对平均停留点面积没有显著影响，只有受教育程度对平均停留点面积存在显著影响，受教育程度越高的社区居民，其活动停留点的平均面积更大，这似乎难以解释。但基础生活圈的形成是行为空间的外化，是在居民的空间认知之下形成的空间结果，因此，高学历的群体由于其存在更高的空间认知能力，也更善于活动之间的组织，预先规划好出行路径，可以在固定的地点完成尽量多的活动，从而增加了活动停留点的面积。

在活动停留点的总面积方面，年龄越大的居民，其活动停留点的总面积越大。一方面，这在很大程度上是由于年龄越大的居民其可支配的活动时间更多，面临的时间制约更小，因此对社区周边的设施有更多的访问机会，从而扩展了其社区活动范围；另一方面，这也可能是由于活动类型的差异造成的，即随着年龄的增长，其活动类型可能更倾向于休闲、散步、体育锻炼等活动，因此其活动地点更多，增加了基础生活圈的活动停留点数。此外，中高收入的群体，即人均月收入在 4 000—6 000 元的群体，其基础生活圈停留点的总面积小于其他群体。结合该变量与出行路径之间的关系可知，该群体在社区日常活动中更多的是采用短距离出行，其活动通常在近家区域内完成。经观察发现，这一群体年龄通常在 30 岁至 40 岁之间，以本科学历为主，男女性别的比例相仿，可以认为这一群体的收入为家庭收入的重要来源，因此其承担更多的工作压力，闲暇时间较少，更多的是在近距离范围内完成社区生活活动。

男性的平均出行路径距离更长，但总的出行距离与女性无明显差异，这说明男性居民更倾向于进行少次、长距离的社区活动，而女性居民则采取多次、短距离的社区活动。这一方面和性别差异所带来的行为能力有关，但另一方面也体现出社区活动中的家庭分工，男性更多地负责远距离、低频次的活动，如采购高级商品；而女性则更多地负责近距离、高频次的活动，如到便利店与菜市场购物等。

年龄越大的居民，由于其休闲活动更多，因此总的活动路径的距离更长。高学历群体的平均出行长度更远，这印证了前述结论，即高学历者对社区周边空间的认知能力更强，可能采取出行链的方式，在一次出行中尽量完成更多的活动，从而提高出行的效率。与活动停留点的结果类似，中高收入的群体无论是在平均活动路径长度还是活动路径总长度方面都倾向于减少。

6.2.4 建成环境对基础生活圈的影响

在活动停留点的平均面积方面，只有购物和交通设施对活动停留点的面积起到正向的影响作用。这是因为这两种服务设施本身具有较强的集聚效应，如大型的购物综合体内部存在多种类型的商业服务设施，并且综合了购物、休闲、餐饮等众多功能，而地铁站等交通枢纽周边则能够吸引大量低等级的商业服务设施。这种集聚效应会导致多个活动在同一个地点上的叠加，导致活动停留点的面积增大。

活动停留点的总面积仅仅受到交通设施单因素的影响。这说明购物设施的多少并不能影响活动范围，换言之，购物设施的增加仅仅能够影响人们的活动序列，增加活动链机会，而不能影响人们的活动能力。而交通设施的增加则能够刺激人们活动范围的增大，由于此处仅仅选取步行出行，因此这一部分增加的社区活动很有可能是前往交通站点的换乘行为。

从平均路径的长度来看，购物设施能够增加活动的平均路径，结合活动停留点的面积的影响作用，这说明购物设施能够影响人们活动的串联和组织，更有利于社区居民在一次出行中完成尽量多的活动。

另外，餐饮设施对活动路径的长度有明显的负向作用，说明人们选择就餐地点时会优先选择近距离的餐饮设施。

6.3 社区生活圈形态特征及影响因素

在第 4 章中，依照不同的基础生活圈之间的空间关系，将社区生活圈分为了“叠合型”“邻接型”“嵌套型”三种类型。通过结合建成环境的实地观察，可以分析影响社区生活圈形态的因素。

首先，社区生活圈的形成受到空间距离的影响——空间接近程度越高，使用共同设施的出行成本越低，共享现象越明显，基础生活圈之间越容易划分为一类。

其次，服务设施的吸引能力是生活圈聚类的重要成因，如服务等级较高的购物中心作为基础生活圈的共同活动点，作为点状要素将周边的基础生活圈连接起来，促成社区生活圈的组合现象，而生活性和交通性的街道则是连接基础生活圈的线状要素。因此，服务设施的吸聚作用在基础生活圈的空间模式形成中发挥了重要作用，其空间分布特征、等级高低差异所带来的吸引能力的不同，会影响空间模式的形成。总的来看，较为集中分布的、较高等级的服务设施分布，以及设施较为匮乏时的单一服务设施中心，都会导致社区生活圈较高程度的向心集聚，从而使多个基础生活重叠在一起，形成“叠合型”的社区生活圈。而服务设施分布较为分散、服务设施等级较低、没有明显的吸引核心时，社区生活圈则更倾向于呈现“邻接型”特征。

最后，社区性质所带来的居民的日常行为规律的差异，也是影响社区生活圈模式的重要因素。在具有相似社会经济属性的社区（如建成年代相似、相互邻近的单位社区）之间，其社区居民的生活方式往往具有相近的空间分布与时间节奏特征，因此其基础生活圈的时空重合程度往往较高，进而形成“叠合型”的社区生活圈。而社区类型差异较大时，如国有单位社区和政策房社区相组合的情况下，单位社区居民的收入水平和出行能力明显高于政策房社区居民，因此二者的基础生活圈规模存在较大的不平均，从而容易形成“嵌套型”的社区生活圈（图 6-5）。

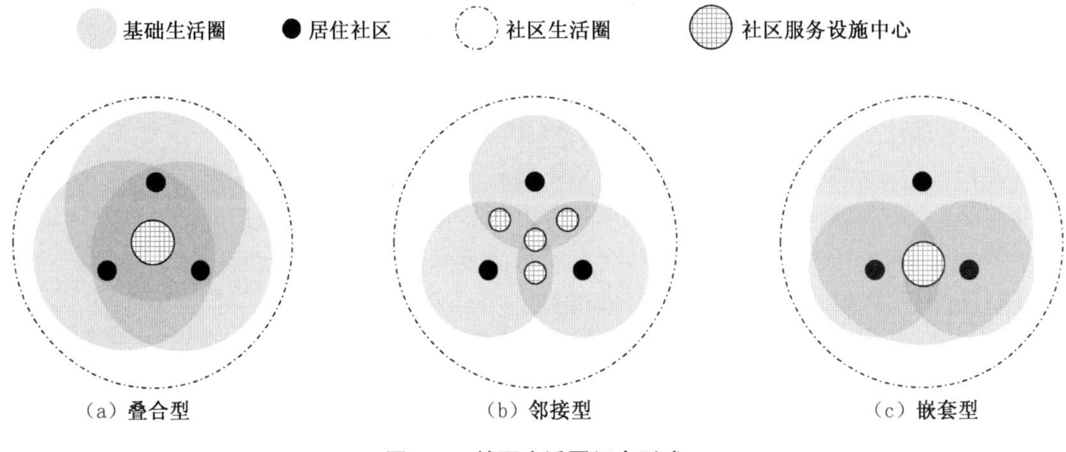

图 6-5　社区生活圈组合形式

6.4　社区生活圈活动需求分布特征及设施评价

社区生活圈的服务设施优化应以社区生活圈为基本单元进行。前述章节中已通过共享度和集中度的计算，实现了每一个基础生活圈的界定和社区生活圈的划分。通过活动 GPS 数据与基础生活圈圈层的叠加，可以统计出位于每个社区每一个空间圈层内的 GPS 点数，该数值可以反映出该社区的活动空间需求分布状况。以调查所得到的每个社区所形成的生活圈中的活动分布量，加入样本量和社区总人数，则通过计算就可以得到该社区的整体活动需求状况。因此通过多个社区的整体状况的加和，就可以反映出某一社区生活圈的空间需求状况，将其作为一个当量能够反映出其在各个空间圈层内的比例。

与此同时，为了将活动需求与设施供给进行对比，将 POI 点同样转换成当量。商业服务设施的市场敏感性，决定其能够充分反映需求水平。因此，本部分主要针对社区内的配套商业服务设施进行配置与评定研究，并将其细分为购物、餐饮、休闲三种类别。假设在清河街道所有的社区生活圈之中，总的设施供给量与总的需求量相当，无需进行设施总量的增加或减少，仅需要在内部进行空间布局的调整。经过计算，1个餐饮设施POI点的服务当量为2 904个GPS活动点的需求量，1个休闲设施的服务当量为3 383个GPS活动点的需求量，1个购物设施的服务当量为2 163个GPS活动点的需求量。通过与社区生活圈内设施分布状况的对比，就可以得出社区服务设施的优化方向。

依照第4章社区生活圈聚类的结果，将5个社区生活圈作为服务设施配置单元，以确定服务设施的空间边界范围，并评价各圈层内的设施配置水平（图6-6）。

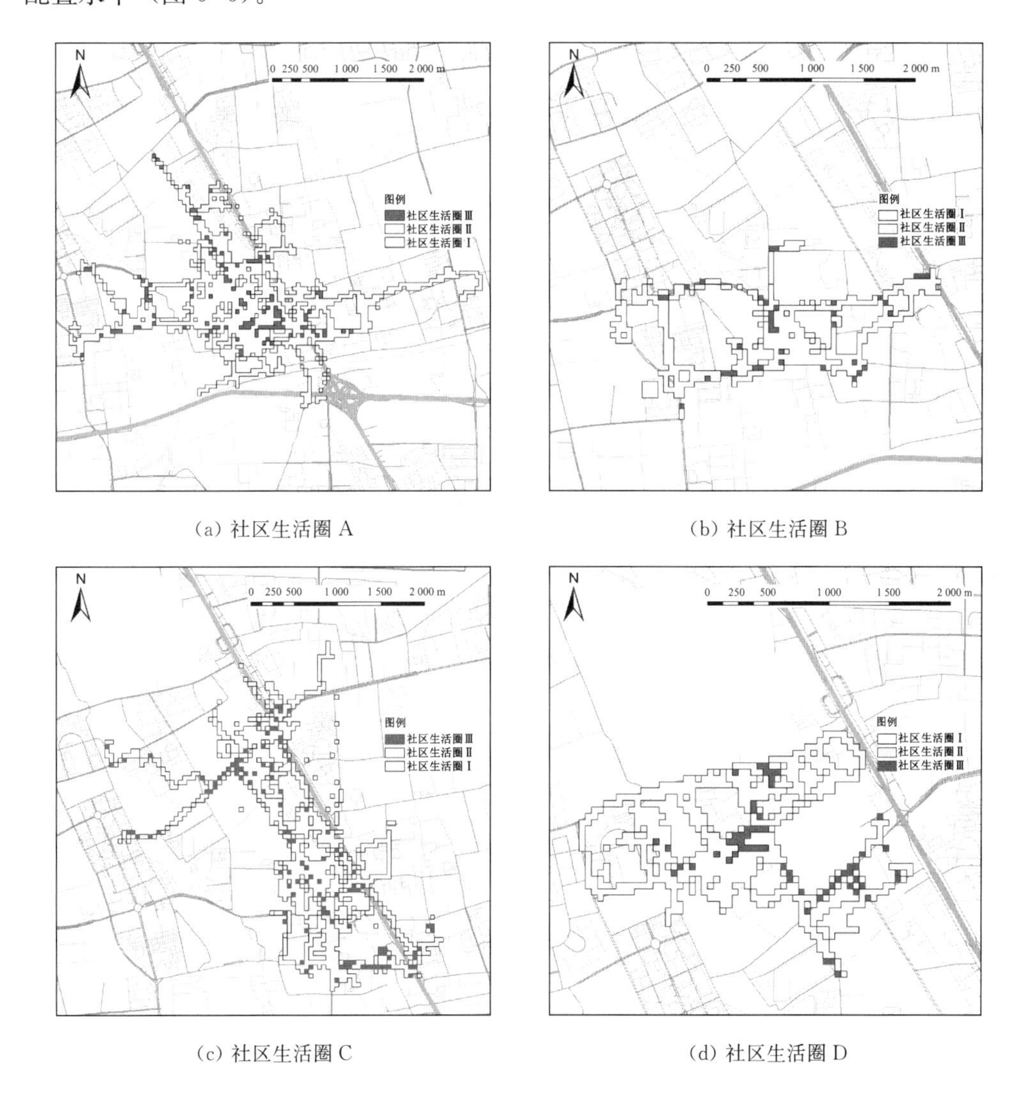

(a) 社区生活圈A　　(b) 社区生活圈B

(c) 社区生活圈C　　(d) 社区生活圈D

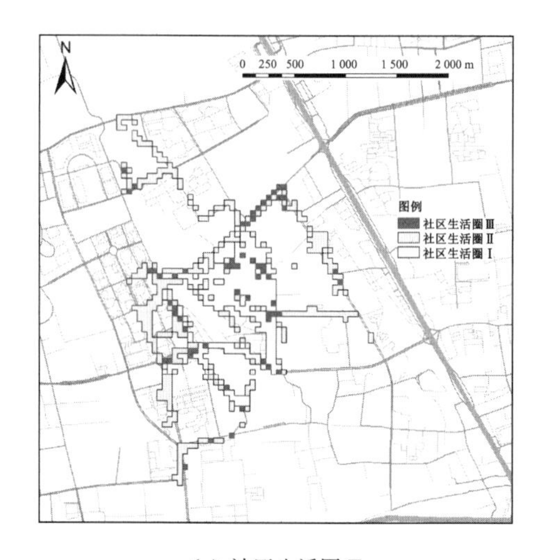

(e) 社区生活圈 E

图 6-6 社区生活圈服务设施空间优化单元

(1) 社区生活圈 A 的活动需求分布及设施评价

社区生活圈 A 是叠合型的社区生活圈，各个社区之间重叠度较高，呈现较高的共享状态。除每个社区共同构成的基础生活圈Ⅰ之外，基础生活圈Ⅲ的分布较为集中，呈现明显的向心集聚特征。

就餐活动的需求分布呈现明显的自足性特征，但实际餐饮设施的分布以基础生活圈Ⅱ为主，所以应着重提高各个社区内部的餐饮设施量，满足在社区内部的就餐需求；休闲设施的研究结论与餐饮设施相类似，但休闲行为在共享区域的需求较高，而基础生活圈Ⅲ内的休闲设施极为缺乏，因此不仅要加强社区内部的休闲设施建设，而且要在社区之间的公共空间增加休闲设施量；购物活动的需求呈现两极分化的特征，社区内部的活动需求与共享的活动需求基本相当，但基础生活圈Ⅱ内的购物设施量却为三个圈层中最高，而基础生活圈Ⅲ内的购物设施量不足，因此未来需要完成社区周边设施的升级与转换，将老旧的小规模购物设施进行淘汰，将其升级为规格较高、设施集中的综合化购物中心（表 6-4）。

表 6-4 社区生活圈 A 的活动需求分布与设施分布

社区名称	观测人数（人）	社区总人数（人）	基础生活圈层	GPS 点数（个）			服务设施当量（个）		
				就餐	休闲	购物	就餐总需求	休闲总需求	购物总需求
海清园社区	26	4 640	Ⅰ	145	486	456	25 877	86 732	81 378
			Ⅱ	8	9	60	1 428	1 606	10 708
			Ⅲ	128	320	281	22 843	57 108	50 148

续表 6-4

社区名称	观测人数（人）	社区总人数（人）	基础生活圈层	GPS 点数（个）			服务设施当量（个）		
				就餐	休闲	购物	就餐总需求	休闲总需求	购物总需求
毛纺南小区社区	29	6 562	Ⅰ	781	1 029	387	176 721	232 838	87 569
			Ⅱ	403	194	216	91 189	43 898	48 876
			Ⅲ	478	603	1 288	108 160	136 444	291 443
力度家园社区	18	2 546	Ⅰ	485	673	333	68 601	95 192	47 101
			Ⅱ	22	21	112	3 112	2 970	15 842
			Ⅲ	64	83	120	9 052	11 740	16 973
学府树社区	17	5 996	Ⅰ	86	596	447	30 333	210 213	157 660
			Ⅱ	8	6	38	2 822	2 116	13 403
			Ⅲ	5	0	98	1 764	0	34 565
阳光社区	10	3 592	Ⅰ	359	490	19	128 953	176 008	6 825
			Ⅱ	0	3	13	0	1 078	4 670
			Ⅲ	31	501	6	11 135	179 959	2 155
总体需求	—	—	Ⅰ	—	—	—	430 485	800 983	380 533
			Ⅱ	—	—	—	98 551	51 668	93 499
			Ⅲ	—	—	—	152 954	385 251	395 284
设施供给	—	—	Ⅰ	—	—	—	299 146	253 740	462 960
			Ⅱ	—	—	—	508 257	433 050	475 940
			Ⅲ	—	—	—	75 512	84 580	168 742

（2）社区生活圈 B 的活动需求分布及设施评价

社区生活圈 B 是嵌套型社区生活圈，该社区生活圈主要体现了长城润滑油社区的基础生活圈特征，而作为以政策房为主的美和园社区，由于基础生活圈面积较小，被囊括在长城润滑油社区的基础生活圈之内。因此该社区生活圈中的基础生活圈层结构，是由长城润滑油社区主要决定的。

就餐活动、休闲活动的空间分布呈现较为明显的自足性特征，然而在基础生活圈Ⅰ中的餐饮设施、休闲设施都分布较少，服务设施的供给量远小于需求量，需要补充完善；购物活动的分布规律和购物设施的分布规律基本一致，而从其实际的空间分布来看，该社区生活圈已经覆盖清河中街、小营西路、毛纺路等处的购物设施，并且在华联上地购物中心也有分布，空间分布较为合理（表 6-5）。

表 6-5　社区生活圈 B 的活动需求分布与设施分布

社区名称	观测人数（人）	社区总人数（人）	基础生活圈层	GPS 点数（个）			服务设施当量（个）		
				就餐	休闲	购物	就餐总需求	休闲总需求	购物总需求
美和园社区	7	3 420	Ⅰ	137	217	5	66 934	106 020	2 443
			Ⅱ	4	0	363	1954	0	177 351
			Ⅲ	47	0	0	22 963	0	0
长城润滑油社区	12	1 400	Ⅰ	865	348	304	100 917	40 600	35 467
			Ⅱ	15	124	206	1 750	14 467	24 033
			Ⅲ	169	28	28	19 717	3 267	3 267
总体需求	—	—	Ⅰ	—	—	—	167 851	146 620	37 910
			Ⅱ	—	—	—	3 704	14 467	201 384
			Ⅲ	—	—	—	42 680	3 267	3 267
设施供给	—	—	Ⅰ	—	—	—	31948	64 281	43 267
			Ⅱ	—	—	—	130 695	162 394	194 703
			Ⅲ	—	—	—	23 235	27 066	41 104

（3）社区生活圈 C 的活动需求分布及设施评价

社区生活圈 C 是邻接型社区生活圈，社区生活圈内的每一个基础生活圈之间通过多个共享的设施点相互连接在一起，基础生活圈Ⅰ呈现分片布局的形态，基础生活圈Ⅲ则呈分散点状布局。

总体而言，该社区生活圈内的餐饮设施、休闲设施、购物设施的分布特征与居民就餐、休闲、购物活动的需求分布较为吻合。其中餐饮设施和休闲设施都呈现出以基础生活圈Ⅰ、Ⅱ为主，向外逐渐递减的特征；购物设施呈现以基础生活圈Ⅱ为主，向两端递减的特征。但总体来看，各类设施、各类活动在三个圈层中的分布都较为均衡。从现实情况来看，蓝岛金隅百货、清河商业城等购物设施都分布于这一社区生活圈中，此外还有大量的小规模就地型商业服务设施，公共服务较为便捷，因此无需进行优化调整（表 6-6）。

表 6-6　社区生活圈 C 的活动需求分布与设施分布

社区名称	观测人数（人）	社区总人数（人）	基础生活圈层	GPS 点数（个）			服务设施当量（个）		
				就餐	休闲	购物	就餐总需求	休闲总需求	购物总需求
安宁北路社区	13	2 400	Ⅰ	44	176	103	8 123	32 492	19 015
			Ⅱ	151	471	31	27 877	86 954	5 723
			Ⅲ	20	59	0	3 692	10 892	0
安宁东路社区	8	2 822	Ⅰ	6	0	409	2 117	0	144 275
			Ⅱ	0	0	199	0	0	70 197
			Ⅲ	1	0	143	353	0	50 443
安宁里社区	8	5 488	Ⅰ	778	47	70	533 708	32 242	48 020
			Ⅱ	240	57	440	164 640	39 102	301 840
			Ⅲ	41	37	174	28 126	25 382	119 364
清上园社区	14	3 540	Ⅰ	23	89	102	5 816	22 504	25 791
			Ⅱ	172	102	154	43 491	25 791	38 940
			Ⅲ	33	34	20	8 344	8 597	5 057
毛纺北小区社区	7	2 022	Ⅰ	69	230	54	19 931	66 437	15 598
			Ⅱ	1	2	0	289	578	0
			Ⅲ	14	26	5	4 044	7 510	1 444
总体需求	—	—	Ⅰ	—	—	—	569 695	153 675	252 699
			Ⅱ	—	—	—	236 297	152 425	416 700
			Ⅲ	—	—	—	44 559	52 381	176 308
设施供给	—	—	Ⅰ	—	—	—	284 624	216 525	179 559
			Ⅱ	—	—	—	255 581	206 376	398 059
			Ⅲ	—	—	—	98 747	101 496	168 742

（4）社区生活圈 D 的活动需求分布及设施评价

社区生活圈 D 是叠合型社区生活圈，各个基础生活圈层的形态较为完整，呈现较为明显的向心集聚特征。

餐饮设施的总量和就餐行为的需求量基本一致，但设施空间分布有待调整，共享部分即基础生活圈Ⅲ的餐饮设施量应增加，半共享的基础生活圈Ⅱ中的餐饮设施应减少；休闲设施的分布趋势和休闲活动需求的分布趋势基本一致，无需进行调整；社区内部、设施周边的购物设施与购物活动需求之间存在较大的落差，这主要由于京新高速阻隔了两侧的交通，下穿京新高速的西二旗大街承担了连接两侧的重要功能，而该道路贯穿该社区生活圈，交通功能挤占了商业空间，致使社区内部和社区周边的购物设施发育不完善，因此，亟须加强社区内部和社区周边的购物设施建设（表 6-7）。

表 6-7　社区生活圈 D 的活动需求分布与设施分布

社区名称	观测人数（人）	社区总人数（人）	基础生活圈层	GPS 点数（个）			服务设施当量（个）		
				就餐	休闲	购物	就餐总需求	休闲总需求	购物总需求
领秀硅谷社区	16	9 012	Ⅰ	17	16	14	9 575	9 012	7 886
			Ⅱ	0	0	57	0	0	32 105
			Ⅲ	23	0	127	12 955	0	71 533
铭科苑社区	11	4 000	Ⅰ	11	64	183	4 000	23 273	66 545
			Ⅱ	14	21	102	5 091	7 636	37 091
			Ⅲ	97	29	1	35 273	10 545	364
智学苑社区	12	4 606	Ⅰ	133	9	495	51 050	3 455	189 998
			Ⅱ	129	17	14	49 515	6 525	5 374
			Ⅲ	268	10	4	102 867	3 838	1 535
总体需求	—	—	Ⅰ	—	—	—	64 625	35 740	264 429
			Ⅱ	—	—	—	54 606	14 161	74 570
			Ⅲ	—	—	—	151 095	14 383	73 432
设施供给	—	—	Ⅰ	—	—	—	49 374	47 365	41 104
			Ⅱ	—		—	177 164	30 449	47 594
			Ⅲ	—	—	—	55 182	37 215	73 554

（5）社区生活圈 E 的活动需求分布及设施评价

社区生活圈 E 属于邻接型社区生活圈，没有明显的共享核心，基础生活圈Ⅲ多分布在远离核心的周边区域。

餐饮设施的供应量与需求量基本一致，但社区内部的餐饮设施可以适度加强。休闲设施、购物设施的供应量要远高于休闲活动、购物活动的需求量，尤其是购物设施与购物需求的差值更大，但这并非表示供应量已经完全满足需求，因为与其他社区生活圈相比，该社区生活圈内的休闲活动需求、购物活动需求明显偏低。究其原因，该社区生活圈内的商业设施多属于小型、低端设施，布局较为分散，不能够支持该社区生活圈内的购物活动，属于商业服务设施发育不完善的结果。因此，必须要对购物设施进行升级，提升品质、集中建设，形成服务规模（表6-8）。

表6-8 社区生活圈E的活动需求分布与设施分布

社区名称	观测人数（人）	社区总人数（人）	基础生活圈层	GPS点数（个）			服务设施当量（个）		
				就餐	休闲	购物	就餐总需求	休闲总需求	购物总需求
当代城市家园社区	18	6 118	Ⅰ	274	172	85	93 130	58 461	28 891
			Ⅱ	66	23	20	22 433	7 817	6 798
			Ⅲ	3	15	90	1 020	5 098	30 590
怡美家园社区	3	3 216	Ⅰ	21	8	0	22 512	8 576	0
			Ⅱ	1	0	0	1 072	0	0
			Ⅲ	0	0	0	0	0	0
宣海家园社区	13	3 060	Ⅰ	299	86	108	70 380	20 243	25 422
			Ⅱ	13	16	8	3 060	3 766	1 883
			Ⅲ	246	12	2	57 905	2 825	471
总体需求	—	—	Ⅰ	—	—	—	186 022	87 280	54 313
			Ⅱ	—	—	—	26 565	11 583	8 681
			Ⅲ	—	—	—	58 925	7 923	31 061
设施供给	—	—	Ⅰ	—	—	—	87 130	87 963	30 287
			Ⅱ	—	—	—	185 877	159 011	106 005
			Ⅲ	—	—	—	26 139	20 299	32 450

6.5 社区生活圈的微观影响机制总结

（1）个体能力和认知与社区生活圈空间机会

根据行为地理学的观点，空间行为的发生必然要经过“有限认知—偏好结构—空间选择”的过程（柴彦威等，2008b）。在这一过程中，个体的收入水平、社会经历、出行能力等都会制约个体对空间的认知水平，从而影响到最终的空间选择结果。

研究发现，受教育程度的提高、退休等带来的可支配时间的增加以及活动类型的休闲化、家庭负担的减小，都可以增加个体在社区生活圈中的空间探索机会，其直接表现就是基础生活圈中停留点面积的增加。

由性别带来的家庭分工，也使得社区生活圈中的出行存在个体差异，男性由于其出行能力较强，因此更倾向于承担远距离、低频次的活动；而女性则更多地承担近距离、高频次的活动。这种差异性可以通过平均路径距离的差异性和总路径距离的接近的对比中得以反映。

这说明，未来社区生活圈的培育必须要考虑到社区中居民生活方式的转变，通过减少个体认知制约和能力制约来增加社区生活圈机会，提高社区生活圈中的生活质量。

(2) 建成环境背景与社区生活圈空间结构

建成环境是社区的基本物质载体，也是在社区规划中最根本的调控对象，社区的建成环境背景直接关系到社区生活圈发展水平的优劣。研究发现，社区所处的建成环境能够决定社区生活圈的空间结构。

在个体居民基础生活圈层面，购物设施的建设能够促进个体活动链的形成，使得基础生活圈停留点面积增大和平均路径距离增长；而交通设施除促进出行链的产生之外，还能够增大基础生活圈的出行范围，减少由于交通工具不足而带来的出行能力的制约。

在单个社区层面，社区的自足性部分即基础生活圈Ⅰ，受到社区的物质边界的影响较多；而社区生活的共享部分即基础生活圈Ⅲ，其分布状况与商业、休闲等设施的分布存在高度的一致性。这体现了建成环境对社区本身空间结构的决定作用。

而在多个社区层面，社区所在的建成环境更是影响到社区之间的空间组合关系，商业服务设施的水平、空间布局模式作为两个基本要素，影响着社区生活圈的组合模式。集中分布、单中心的商业服务设施，更能够促进“叠合型”社区生活圈的形成，而布局分散、缺乏吸引力的商业服务设施，使得社区生活圈倾向于呈“邻接型”。

第 6 章注释

① 点集内部有时可以容纳半径为 α 的圆，因此散点轮廓算法（Alpha-shape）内部可能存在空心区域。但由于本章中所探讨的停留点是指基础生活圈中的局部范围概念，因此仅采用最外围的轮廓所形成的区域。

7 社区生活圈的规划实施

在转型期，城市社区规划的多样性与复杂性是我国城市规划者面临的严峻挑战，如何在规划中兼顾公平配置又有所侧重、如何尽量满足居民生活需求又节约社会资源，成为新时期城市社区规划的重要研究课题。长期以来，规划的公共服务配置遵循两项主要原则：其一是以服务半径指导设施选址，尽管这一举措能够保证设施的空间覆盖，但对于社区周边具体的空间差异性却考虑甚少，这就使得设施的布局缺乏层次性，无主次高低等级之分，难以形成有序的社区服务空间。其二是以“千人指标”作为进行公共服务设施配置的标准，在确定公共服务设施的选址和规模的思路下，倾向于平均化社区差异与人群行为差异，这已不适应新时期城市社区发展的需求，导致了设施供需总量的不匹配。

社区生活圈空间结构的提出，为指导社区公共服务设施优化提供了新的视角。通过活动分析，并反馈于设施的空间布局调整，打破以往一般社区公共服务设施配置标准中按用地类型划分设施、分级配置存在断层的局限；通过需求分析，实现“千人指标”的人群细化，从而实现社区公共服务设施规模的优化配置。

7.1 社区生活圈规划的特点与层面

7.1.1 社区生活圈规划的特点

社区生活圈规划以社区居民生活为主体，是对传统社区规划的全面创新。传统的社区规划是基于技术和系统的规划学，将人的需求进行汇总和平均化，往往从单一的学科视角入手，所形成的社区规划模式缺乏融合；而社区生活圈规划则是基于日常生活的规划学，关注微观个体的社区居民，以满足其生活需求、提升生活质量为目标，在其实践中，将规划学、社会学、地理学多学科视角进行融合。传统社区规划的基本方法论是城市资源的整合与分配，因此往往以“千人指标”和“服务半径”作为基本指导方法，以城市资源分配效率的提高为指向；而社区生活圈规划则更重视城市空间和居民行为之间的协同，基于空间行为分析方法得到社区规划的需求结构，进而通过规划的干预，实现行为对空间的塑造作用，形成空间与行为之间的持续互动。传统社区规划的应用是面向城市开发与管理，以基础设施构架为核心，以社会管理为保障；而社区生活圈规划则面向个体需求，注重社区的凝聚力与共享交往等社会价值的塑造，强调空间、社会、行为的综合提升（图 7-1）。

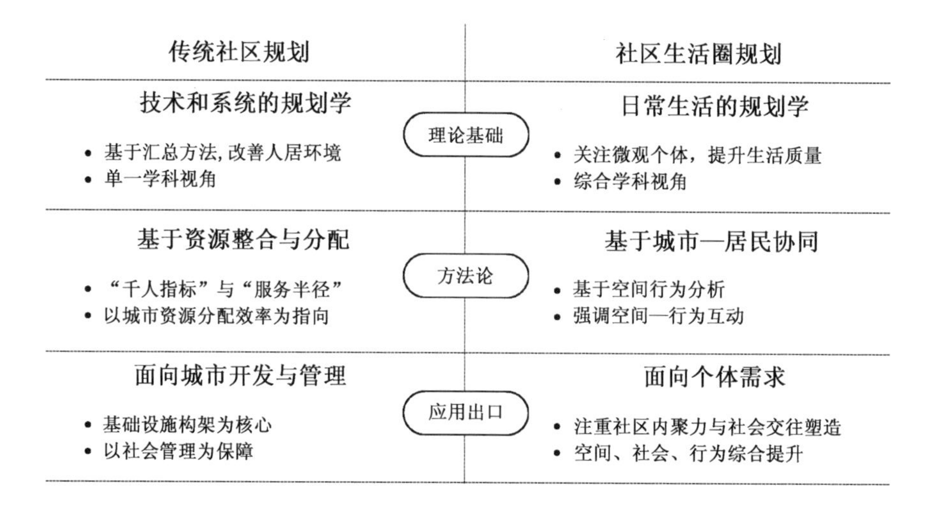

传统社区规划
社区生活圈规划
技术和系统的规划学
理论基础
日常生活的规划学
• 基于汇总方法，改善人居环境
• 单一学科视角
• 关注微观个体，提升生活质量
• 综合学科视角
基于资源整合与分配
方法论
基于城市—居民协同
• “千人指标”与“服务半径”
• 以城市资源分配效率为指向
• 基于空间行为分析
• 强调空间—行为互动
面向城市开发与管理
应用出口
面向个体需求
• 基础设施构架为核心
• 以社会管理为保障
• 注重社区内聚力与社会交往塑造
• 空间、社会、行为综合提升

图 7-1　社区生活圈规划对比传统社区规划

7.1.2　社区生活圈规划的落实层面

（1）物质空间层面

建成环境对于社区生活圈的空间形态有着重要影响，单从服务设施层面来讲，城市实体空间中的服务设施对社区生活圈起到了机会和制约的双重作用，且这种差异性在不同类型的设施上也表现出不同的作用机制。从建成环境对生活圈的影响机制来看，要想达到紧凑集约、高质高效的生活圈建设目标，需要考虑购物设施的集聚，以营造更好的社区生活圈服务能力；此外还要提高交通设施的吸引效应，尤其应注重步行可利用的交通设施的引导能力。

（2）个体行为层面

从社区生活圈的影响因素来看，性别、年龄、受教育程度、收入水平等因素制约着社区居民的空间认知能力，从而影响人们的空间选择过程，最终引起了个体层面社区生活圈的差异。尽管我们不能够对于社区生活圈内的人群结构进行调配，但可以针对人群特征，从其行为机制入手，在社区生活圈的规划设计之中，尽量减少因居民的社会经济属性而带来的制约作用，引导社区生活圈空间效率的提高和人们出行行为的优化，从而培育社区生活圈的节点生长，促进生活圈空间的健全发育，提高生活圈的步行可达性，并积极引导社区生活圈内的生活出行链结构，提高社区生活圈的利用水平。

7.1.3 社区生活圈规划的技术路径

社区生活圈规划的方法和技术路径是目前生活圈规划所遇到的核心挑战，因为这直接涉及理论研究向应用成果的转化。目前由于实践的规划较少，各个案例各执一词，尚未形成明确且统一的规划路径，同时在规划过程中所运用到的技术方法仍在摸索和发展中。

总体来说，社区生活圈规划涉及生活圈的识别及界定、现状生活圈问题的识别和评估，在结合因人群、社区而异的需求后，形成理想生活圈与时空间行为，进而在客观物质空间以及社会空间两个角度实现居民日常生活的改善等多个流程（图 7-2）。在不同的应用对象下流程会有进一步细化。

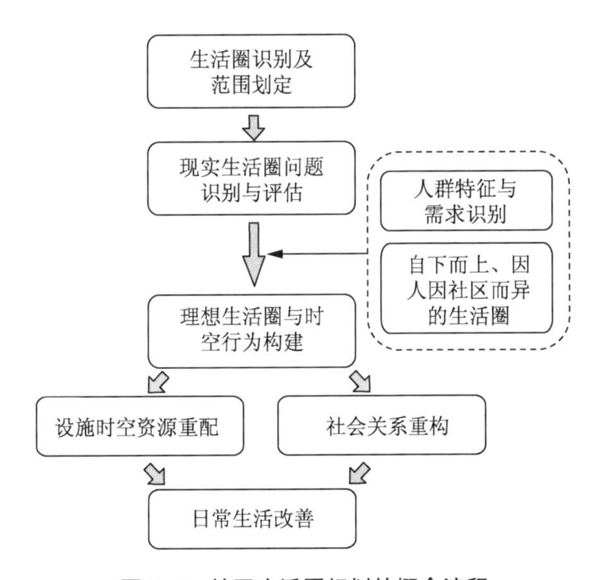

图 7-2 社区生活圈规划的概念流程

7.2 社区生活圈规划中的工作对象

社区规划所涉及的范畴众多，小到建筑物和构筑物的具体设计、住宅的排布和景观组织，大到与城市交通的衔接和环境评估等。但从生活空间的概念来看，人们对社区空间的直接使用主要与社区的公共服务设施相关。因此，这里以社区公共服务设施的优化配置为例，探讨社区生活圈的研究如何与规划应用进行初步结合。

7.2.1 社区公共服务设施的划分思维

社区公共服务设施有狭义和广义之分，狭义的社区公共服务设施是公共物品的主要具体形态，由公共性、服务性、设施性三个属性特征共同界定（刘海涛等，2016），从其来源来看，更多的是公共部门在社区层面提供的产品设施。而广义的公共服务设施还包括市场行为下的生活设施以及部分市政设施等（张大维等，2006）。在《城市公共服务设施规划规范》（GB 50442—2015）中指出，城市公共设施用地“指在城市总体规划中的行政办公、商业金融、文化娱乐、体育、医疗卫生、教育科研设计、社会福利共七类用地的统称”。而社区公共服务设施是与社区居民日常家外生活密切相关，为满足社区居民生活需求而配置或自发生长的各类设施[①]。

在本书中，社区生活圈研究所涉及的社区公共服务设施具体范畴，按照人们的实际行为类别、实际空间使用范围进行确定。从用地性质上来讲，不仅包含居住区用地内部的配建公共服务设施，而且包含社区周边非居住用地的城市公共设施、城市商业金融设施，这是因为居民的社区生活圈范围不能以用地类型进行切割。但由于市政基础设施与社区层面的家外日常活动关联性不大，因此对其不做讨论。从配置等级上来讲，基本符合北京市所实行的“项目级—社区级—街区级”标准中所规定的各类设施，但排除部分管理类设施（如物业服务用房、社区管理服务用房、街道办事处、派出所）、全部的市政公用设施、项目级的大部分交通设施（主要是停车设施）以及一部分商业服务设施（再生资源回收站点）。除此之外，还包括街区级以上的部分商业服务设施，如百货商店、购物中心等。从经济权属上来讲，尽管市场行为下的大部分商业服务设施不属于法定城市规划调控范围，但这一部分设施恰恰对于社区居民意义重大，因此本书中的公共服务设施不仅包括教育、医疗等公益性及准公益性设施，而且对经营性的设施也加以探讨。

公共服务设施按照用地性质、配置等级、经济权属等维度，存在不同的类型划分方式。

（1）社区公共服务设施的用地性质划分

从用地性质上划分，《城市居住区规划设计规范》（GB 50180—

2018）中所提到的“公共服务设施”，更多的是从居住用地的划分角度对居住区用地（即 R 类用地）进行细分，“居住区用地包括住宅用地、公共服务设施用地（也称公建用地）、道路用地和公共绿地”“存在一定的比例关系，主要反映土地使用的合理性与经济性”，强调“与人口规模相对应配套建设”，因此也叫“公共配套设施”。公共服务设施的分类则包括教育、医疗卫生、文化体育、商业服务、金融邮电、社区服务、市政公用、行政管理及其他。除居住区用地以外，另一类服务设施则是城市公共设施（以 A 类用地为主），具体的类别包括中小学、医疗卫生设施、文化设施、体育设施、社会福利设施等。此外，尽管部分地区（如重庆）的规范中将城市商业服务设施排除在公共服务设施范畴之外，而且在一些研究中也将公共服务设施和商业服务设施作为两个对立的概念，但依照《城市公共服务设施规划规范》（GB 50442—2015）对公共服务设施的定义，城市商业和服务业设施（即 B 类用地）显然也属于公共服务设施。

（2）社区公共服务设施的配置等级划分

社区公共服务设施的等级划分是随着历史发展不断演变的过程。在单位主导建设时期，1980 年的《城市规划定额指标暂行规定》中确定了“居住区级—居住小区级”的两级社区公共建筑配置标准（不含市级公共建筑），“居住区的人口规模一般按四五万人考虑，小区的人口规模一般按一万人左右考虑”。公共建筑的规模按照人均定额的方式确定，“居住区级公共建筑定额，每居住占建筑面积 0.61—0.73 m^2，每居民占用地面积 1.5—2.0 m^2”“小区级公共建筑定额按人口平均，每居民占建筑面积 1.0—1.45 m^2，每居民占用地面积 3.5—5.0 m^2”。在单位与房地产共同建设时期，伴随着居住空间布局的调整，1993 年首次颁布的《城市居住区规划设计规范》（GB 50180—93）提出了“居住区—小区—组团”三级体系，在每一级实行公建用地的比例平衡控制，其中居住区级为 20%—32%，小区级为 18%—27%，组团级为 6%—8%。在社区层面的具体操作中，不同的城市通常有各自的设施配置标准。如上海采用居住地区、居住区两级公共服务设施，而居住区内又划分为“居住区级—居住小区级—街坊级”。而 2015 年《北京市居住公共服务设施配置指标》则提出“项目级—社区级—街区级”的配置标准。

（3）社区公共服务设施的经济权属划分

在社区公共服务设施的权属划分方面，自 1998 年房地产改革以来，设施的建设和经营主体不断发生变化，相当一部分公共服务设施由“服务型”转变为“经营型”，其中商业服务设施已经实现了完全的市场化，部分过去由政府建设与管理的公益性设施也逐步向准公益性上靠拢，总体上形成了公益性、准公益性和盈利性并存的局面（王夏，2012）。一般而言，公益性设施（包括准公益性设施）有“行政管理、教育、文化、体育、医疗卫生、社会福利、实证、绿地”等设施，经营性设施则指“商业、银行”等设施。

7.2.2 社区公共服务设施的配置反思

社区公共服务设施的划分方式与其配置方法是密切相关的，上述的类型划分可以在一定程度上反映当前社区公共服务设施配置思维中所存在的一些问题。

(1) 标准化配置，弹性较小

从已有的社区公共服务设施配置标准中可以看到，或以人口乘以不同的系数来确定各类设施的规模，或以居住用地的面积通过用地平衡对各类设施规模进行控制。

这种“一刀切”的方式，首先不能应对微观的区位变化，例如位于市中心的社区和位于城市郊区的社区本身受到已有城市设施的辐射状况不同，不能同等对待。临近城市商业中心的社区，在社区规划中无需配备高等级商业服务设施，否则容易造成资源浪费，且居民消费能力也无法支撑商业服务设施体量；反之，偏远区位的社区如果按照一般的标准进行商业服务设施配置，消费需求则无法得到满足。

此外，这同样不能应对人口结构的变化。不同性质、不同建成年代的社区，社区居民的收入水平、年龄构成、日常行为特征存在差别，因而公共服务设施的需求量、类型、等级、空间布局都应差异化布置。但目前的配置标准平均化了人的需求差异，导致供给与实际需求之间存在错位。

(2) 以公共产品为主，非公共因素较少

在法定规划中，小型商业服务设施等往往被认为是市场行为的结果，是处于规划控制范畴以外的内容，而设施选点工作在多数情况下也是建筑设计层面的内容。在规划的实施操作中，仅仅对教育、医疗设施等公共产品或准公共产品进行选址，而对于经营性质的设施，只确定总量或通过“盖戳”的方式确定设施所在地块，不关注具体的设施布置。因此，这种规划方式对于公共服务设施的理解更多地停留在由公共部门提供的产品，不重视“为满足私人个性化需求的服务”（沈千帆，2011）。

但实际上对于社区居民而言，社区日常行为更多地反映了市场规律，对于公共产品设施的使用则通常是偶发行为或固定行为，如就医和上学。尽管这些设施的便利性对于社区生活圈的意义重大，但市场因素所形成的品类繁多的经营性服务设施同样影响着社区生活圈的品质。在社区规划中，就社区居民的需求而言，非公共产品同样需要加以重视。

(3) 分层配置，衔接较弱

首先，各层级设施的划分，往往以居住区自身的空间组织为依据而定级，而忽略自身的市场规律，以致这种分级内部看不到背后连贯的设施利用行为。过于明确的等级划分，一方面缺乏具体问题具体分析的适用性，另一方面也难以适应于日常行为需求。

其次，与城市设施的衔接也存在断层。正如前一节内容所提出，人的社区行为不能简单地以用地类型进行分割，而且以目前北京等大城市社区建设的状况来看，百货商店、购物中心等设施往往和社区结合建设。社区生活圈的设施也不应局限于居住用地内部，而应将更高层面的城市设施纳入进来。然而，在目前的设施配置等级规范中，其控制层面还基本局限于以居住用地为主的服务设施。在国家颁布的《城市居住区规划设计规范》(GB 50180—2018) 中，“居住区—居住小区—居住组团”的三级标准显然未讨论居住区级以上（不含居住区级）的设施；在《北京市居住公共服务设施配置指标》中，最高等级的街区级商业服务设施也仅仅为综合超市、便利店等一般商业服务设施。而对于街区级以上的设施，目前没有相关的规范对其进行控制。因此，社区规划的控制范围，从居住区层面向城市层面的过渡衔接存在断层。

(4) 自上而下，静态式规划

社区公共服务设施往往随着居民需求的变化而不断改变，是一个持续、动态的发展过程，对后续使用状况及时有效的反馈能够在最大程度上保证规划质量。但除个别大城市公共服务设施规范的编制与修订工作之外，目前很少有针对设施利用状况开展的调查反馈工作（王夏，2012)。

这种反馈机制的建立，一方面可以通过满意度调查等方法实现，但存在只能从侧面反映设施的建设和运营状况的问题；另一种方式则是将社区居民的行为纳入反馈机制，通过居民“用脚投票”的方式，以行为规律作为社区规划的决策支持，充分体现居民需求，正面引导设施的空间优化。

7.2.3 社区公共服务设施的类别界定

参照居民的活动类型，这里将社区公共服务设施划分为五大类，如表 7-1 所示。

表 7-1　社区生活圈中的公共服务设施类型

设施类别	对应活动类型	对应用地性质	对应配置等级	对应经济权属
购物设施	购物活动	居住用地（R）、商业用地（B1）	项目级、社区级、街区级、街区级以上	经营性
休闲设施	娱乐休闲、体育锻炼、遛弯	居住用地（R）、文化设施用地（A2）、体育用地（A4）、商业用地（B1）、娱乐康体用地（B3）	项目级、社区级、街区级、街区级以上	公益性、准公益性、经营性
餐饮设施	就餐活动	商业用地（B1）	社区级、街区级、街区级以上	经营性
教育设施	上学活动	教育科研用地（A3）	社区级、街区级	公益性、准公益性
医疗设施	就医活动	医疗卫生用地（A5）	项目级、社区级、街区级	公益性、准公益性、经营性

7.3　基于社区生活圈的设施配置标准优化

以北京市的千人指标配置标准为例，诠释如何通过社区生活圈内各类设施利用的需求特征，对千人指标标准进行优化调整。《北京市居住公共服务设施配置指标》中按社区总人口的比例来配置社区教育、养老等设施，实际上是平均化了城市不同类型社区的差异和社区居民社会经济属性的差异，与目前城市社区发展差异化、居民人口构成多样化的特点不符。如养老设施配置按照老年人口占居住区总人口的 20%计算，幼儿园年龄组占居住区总人口的 2.5%、小学年龄组占居住区总人口的 4.2%、初中年龄组占居住区总人口的 2.1%、“九年一贯制”学校占居住区总人口的 6.3%、高中年龄组占居住区总人口的 2.1%。在设施的空间落地方面，尽管将公共设施配置的指标分“项目—社区—街区”三级落地，但这种划分实际上是将设施配置按行政管辖边界进行了划分，虽便于实际规划操作和执行，但从人的行为整体性角度出发，实质是人为地划分了不同活动的空间范围，与居民的真实行为特点不符。

这里应对人群和设施利用行为之间进行谱系关系构建，对城市社区公共服务设施配置的千人指标标准进行人群细化，对不同人口构成的社区公共服务设施配置方案进行计算和评价。

7.3.1 人群设施利用时长测度

我们认为，设施的供给量应与设施的使用量相匹配，而设施的使用量可以用设施的使用时长来反映。基于社区居民日常设施利用的行为调查，在界定社区生活圈的基础上，筛选出社区生活圈内的全部设施利用活动，可以测算各类人群的社区公共服务设施人均需求量，得到某一案例区域的人群—各类设施需求对照表。

这里采用的数据主要为个体居民在社区生活圈内的设施利用时间数据，计算得到各类设施所对应活动的日均时长（单位为分钟）。此外还通过社会经济属性调查，得到个体所属的人群类型数据。人群的划分按照社会经济属性的交叉生成，共 16 类。在人群的分类中，青年为 40 岁以下，中年为 41 岁至 50 岁，中老年为 51 岁至 65 岁，老年为 66 岁以上；高学历为本科及以上，低学历为大专及以下（表 7-2）。

表 7-2 面向千人指标优化的人群分类标准

人群编号	人群类型
Ⅰ	青年低学历北京户籍
Ⅱ	青年低学历非北京户籍
Ⅲ	青年高学历北京户籍
Ⅳ	青年高学历非北京户籍
Ⅴ	中年低学历北京户籍
Ⅵ	中年低学历非北京户籍
Ⅶ	中年高学历北京户籍
Ⅷ	中年高学历非北京户籍
Ⅸ	中老年低学历北京户籍
Ⅹ	中老年低学历非北京户籍
Ⅺ	中老年高学历北京户籍
Ⅻ	中老年高学历非北京户籍
XⅢ	老年低学历北京户籍
XⅣ	老年低学历非北京户籍
XⅤ	老年高学历北京户籍
XⅥ	老年高学历非北京户籍

个体居民对某一类设施的需求值可以其活动时长反映，即

$$\bar{t}_{nm} = \text{Average}(t_{nmi}) \tag{7-1}$$

其中，$\bar{t}_{nm}$ 为第 n 类人群使用第 m 类设施的平均使用活动时长；t_{nmi} 即第 n 类人群中的个体 i 使用第 m 类设施的活动分钟数；n 包括 16 类，m 包括 15 类。

通过上述算法，计算得到“人群—设施利用时长”对应谱系表，该表反映了各类人群对各类设施的利用时长情况（表 7-3）。

表 7-3　社区生活圈内人均各类活动时长统计

人群编号	人群类型	用餐活动平均时长（分钟）	购物活动平均时长（分钟）	休闲活动平均时长（分钟）	养老活动平均时长（分钟）	社交活动平均时长（分钟）
Ⅰ	青年低学历北京户籍	66.0	80.0	105.0	35.0	208.3
Ⅱ	青年低学历非北京户籍	75.0	0.0	157.5	0.0	0.0
Ⅲ	青年高学历北京户籍	63.4	89.6	99.9	53.8	146.0
Ⅳ	青年高学历非北京户籍	59.0	85.5	135.0	90.0	172.1
Ⅴ	中年低学历北京户籍	58.1	74.2	77.8	75.0	151.9
Ⅵ	中年低学历非北京户籍	53.6	101.3	66.3	12.5	225.0
Ⅶ	中年高学历北京户籍	63.8	57.7	96.6	29.9	177.5
Ⅷ	中年高学历非北京户籍	58.6	63.4	77.0	37.2	117.1
Ⅸ	中老年低学历北京户籍	65.4	73.8	103.7	94.3	115.2
Ⅹ	中老年低学历非北京户籍	50.0	93.3	79.4	108.8	88.3
Ⅺ	中老年高学历北京户籍	56.6	58.9	87.0	70.4	109.5
Ⅻ	中老年高学历非北京户籍	0.0	90.0	140.0	90.0	90.0
XIII	老年低学历北京户籍	73.8	81.8	89.3	70.2	96.4
XIV	老年低学历非北京户籍	5.0	71.9	84.1	25.6	61.7
XV	老年高学历北京户籍	55.8	77.7	91.5	40.9	96.7
XVI	老年高学历非北京户籍	0.0	114.3	109.1	129.1	59.7

7.3.2　人群设施利用需求测度

人的设施利用行为能够反映对于设施的需求程度，而将其应用于社区公共服务设施配置则需构建其与设施规模的量化对应关系。基于局部差异性的假设，假定在全样本水平上千人指标的供给与行为需求可以达到均

衡[②]，运用解方程的思想，则可以得到每一类人群的人均设施需求值，人均需求的表达形式分为用地面积和建筑面积，且分别具有上下限水平，即

$$
\begin{aligned}
\sum_{n=1}^{16} \bar{t}_{nm} \times \alpha_m \times P_n &= \frac{A_m}{1\,000} \times \sum_{n=1}^{16} P_n \\
\sum_{n=1}^{16} \bar{t}_{nm} \times \beta_m \times P_n &= \frac{B_m}{1\,000} \times \sum_{n=1}^{16} P_n \\
\sum_{n=1}^{16} \bar{t}_{nm} \times \gamma_m \times P_n &= \frac{C_m}{1\,000} \times \sum_{n=1}^{16} P_n \\
\sum_{n=1}^{16} \bar{t}_{nm} \times \delta_m \times P_n &= \frac{D_m}{1\,000} \times \sum_{n=1}^{16} P_n
\end{aligned}
\tag{7-2}
$$

其中，$\bar{t}_{nm}$ 为第 n 类人群使用第 m 类设施的平均使用活动时长；α_m 为第 m 类设施的使用活动时长与其所代表的设施量（建筑面积）之间的换算系数（上限）；β_m 为第 m 类设施的使用活动时长与其所代表的设施量（建筑面积）之间的换算系数（下限）；γ_m 为第 m 类设施的使用活动时长与其所代表的设施量（用地面积）之间的换算系数（上限）；δ_m 为第 m 类设施的使用活动时长与其所代表的设施量（用地面积）之间的换算系数（下限）；P_n 为第 n 类人群的数量；A_m 为第 m 类设施的千人指标值（建筑面积上限）；B_m 为第 m 类设施的千人指标值（建筑面积下限）；C_m 为第 m 类设施的千人指标值（用地面积上限）；D_m 为第 m 类设施的千人指标值（用地面积下限）。

则可知

$$
\begin{aligned}
\alpha_m &= \frac{\dfrac{A_m}{1\,000} \times \sum_{n=1}^{16} P_n}{\sum_{n=1}^{16} \bar{t}_{nm} \times P_n} \\
\beta_m &= \frac{\dfrac{B_m}{1\,000} \times \sum_{n=1}^{16} P_n}{\sum_{n=1}^{16} \bar{t}_{nm} \times P_n} \\
\gamma_m &= \frac{\dfrac{C_m}{1\,000} \times \sum_{n=1}^{16} P_n}{\sum_{n=1}^{16} \bar{t}_{nm} \times P_n} \\
\delta_m &= \frac{\dfrac{D_m}{1\,000} \times \sum_{n=1}^{16} P_n}{\sum_{n=1}^{16} \bar{t}_{nm} \times P_n}
\end{aligned}
\tag{7-3}
$$

将人群设施利用时长谱系表的每一列分别乘以 α_m 、β_m 、γ_m 、δ_m ，即可得到各类人群各类设施的人均需求量，汇总成为人群—各类设施需求对照表。

7.3.3 社区生活圈公共服务设施配置量计算

不同的城市社区由于其人群构成不同，对于设施的需求也存在差异性，需要基于人群构成状况，按需计算社区公共服务设施配置量方案。与千人指标以社区总人口进行测算的方法不同，以上文中得到的人群—各类设施需求对照表为基础，基于目标社区各类人群数量，对每一类人群的设施量分别进行测算并进行加和，得到该社区的公共服务设施整体配置量。在评价方面，可与设施配置现状计算差值，得到设施配置的优化调整量。

（1）各类设施不同配置方案计算

对于某社区，已知各类人群数量 P'_n ，则该社区各类设施的不同配置方案包括以下几类：

① 最大建筑面积配置方案

$$J_{\mathrm{MAX}m} = \sum_{n=1}^{16} DJ_{\mathrm{MAX}nm} \times P'_n \tag{7-4}$$

② 最小建筑面积配置方案

$$J_{\mathrm{MIN}m} = \sum_{n=1}^{16} DJ_{\mathrm{MIN}nm} \times P'_n \tag{7-5}$$

③ 最大用地面积配置方案

$$Y_{\mathrm{MAX}m} = \sum_{n=1}^{16} DY_{\mathrm{MAX}nm} \times P'_n \tag{7-6}$$

④ 最小用地面积配置方案

$$Y_{\mathrm{MIN}m} = \sum_{n=1}^{16} DY_{\mathrm{MIN}nm} \times P'_n \tag{7-7}$$

其中，$DJ_{\mathrm{MAX}nm}$、$DJ_{\mathrm{MIN}nm}$、$DY_{\mathrm{MAX}nm}$、$DY_{\mathrm{MIN}nm}$ 分别为人群—各类设施需求对照表中的建筑面积上限值、建筑面积下限值、用地面积上限值、用地面积下限值的人均需求值。

（2）计算不同配置方案下的设施优化量

① 最大建筑面积配置优化方案

$$OPJ_{\mathrm{MAX}m} - J_{\mathrm{MAX}m} - J_m \tag{7-8}$$

② 最小建筑面积配置优化方案

$$OPJ_{\mathrm{MIN}m} = J_{\mathrm{MIN}m} - J_m \tag{7-9}$$

③ 最大用地面积配置优化方案

$$OPY_{\mathrm{MAX}m} = Y_{\mathrm{MAX}m} - Y_m \tag{7-10}$$

④ 最小用地面积配置优化方案

$$OPY_{\mathrm{MIN}m} = Y_{\mathrm{MIN}m} - Y_m \tag{7-11}$$

其中，$OPJ_{\mathrm{MAX}m}$、$OPJ_{\mathrm{MIN}m}$、$OPY_{\mathrm{MAX}m}$、$OPY_{\mathrm{MIN}m}$ 分别为最大建筑面积配置优化方案、最小建筑面积配置优化方案、最大用地面积配置优化方案、最小用地面积配置优化方案的优化量；J_m 和 Y_m 分别为建筑面积现状配置量和用地面积现状配置量。

最终生成的是社区的各类设施调整方案表，该表可用于指导社区的各类设施配置量的调整。

7.3.4 社区生活圈公共服务设施供给评价及优化

由于缺乏公开统计的清河街道服务设施规模数据，在现状设施评估方面必须依托人工调研。因此，此处仅仅以清上园社区为例，选取商业服务设施，演示社区生活圈公共服务设施供给评价及优化的过程。

清上园社区建成于 2003 年，经过 10 余年的发展建设，其公共服务设施的微观结构发育较为完善。社区常住人口为 7 451 人，青年人口占比最高，但中老年人总体比例过半，低学历与北京户籍人口比重偏高（表 7-4）。

表 7-4 清上园社区人群属性比例[3]

人群属性		人数（人）	比例（%）	备注
年龄	青年	3 118	42	按常住人口统计
	中年	2 916	39	
	中老年	741	10	
	老年	676	9	
受教育程度	低学历	4 277	61	按 6 岁以上人口统计
	高学历	2 769	39	
户籍	北京户籍	3 937	53	按常住人口统计
	非北京户籍	3 514	47	

这里继续以商业服务设施为研究对象，包括餐饮、购物、休闲，以用地面积为测度，针对清上园社区的配套商业服务设施进行配置与评定研究。

通过人群的购物活动时长，对千人指标进行人群的细化。从年龄来看，老年群体整体的商业服务设施使用需求偏高，人均建筑面积需求大于1 m²，这与该群体的生活方式偏向于休闲化有关；从户籍来看，非北京户籍群体的商业服务设施需求基本高于北京户籍群体；从教育水平来看，高学历群体与低学历群体对商业服务设施使用需求无显著差异，但青年低学历非北京户籍群体的商业服务设施使用需求明显偏高。通过对其行为进行细化分析，发现这部分需求来源于休闲消费行为（表7-5）。

表7-5 清上园社区基础生活圈公共服务设施配置优化

人群类型	千人指标优化				清上园社区设施配置		
	人均活动时长（分钟）	调研人数（人）	优化后建筑面积指标下限（m²/千人）	优化后建筑面积指标上限（m²/千人）	各类群体人数（人）	建筑面积配置方案上限（m²）	建筑面积配置方案下限（m²）
青年低学历北京户籍	47.540	49	440	520	998	441	514
青年低学历非北京户籍	108.000	5	1 000	1 170	893	897	1 046
青年高学历北京户籍	72.974	210	680	790	647	439	513
青年高学历非北京户籍	87.200	37	810	940	573	465	542
中年低学历北京户籍	58.549	178	540	630	938	511	596
中年低学历非北京户籍	81.342	18	760	880	834	631	736
中年高学历北京户籍	46.631	532	430	510	603	261	305
中年高学历非北京户籍	51.374	71	480	560	536	256	299
中老年低学历北京户籍	85.230	178	790	920	238	189	220
中老年低学历非北京户籍	89.278	9	830	970	208	173	202
中老年高学历北京户籍	55.434	108	510	600	155	81	94

续表 7-5

人群类型	千人指标优化				清上园社区设施配置		
	人均活动时长（分钟）	调研人数（人）	优化后建筑面积指标下限（m²/千人）	优化后建筑面积指标上限（m²/千人）	各类群体人数（人）	建筑面积配置方案上限（m²）	建筑面积配置方案下限（m²）
中老年高学历非北京户籍	129.000	4	1 200	1 400	133	161	187
老年低学历北京户籍	135.685	46	1 260	1 470	216	272	318
老年低学历非北京户籍	127.376	13	1 180	1 380	193	229	267
老年高学历北京户籍	85.284	43	790	920	142	112	131
老年高学历非北京户籍	128.585	18	1 190	1 390	126	151	176

如果以千人指标为标准，按照清上园社区的人口数量进行设施配置量计算。清上园社区目前常住人口为 7 451 人，计算得到建筑面积配置量下限为 4 470 m²，上限为 5 216 m²。经调研测算，目前社区商业服务设施面积约为 6 200 m²。由方案中数值和现状的对比可知，现状的商业服务设施配置量大于千人指标方法计算出的建筑面积下限与上限，因此从结果来看，商业服务设施配置较为充裕。

然而，基于优化后的千人指标，计算各类人群的设施需求量，并计算得到设施配置量方案的下限为 5 269 m²、上限为 6 146 m²。通过配置标准增强模型计算出的结果，如按照下限方案来看，社区内的商业服务设施配置量较为充裕，如按照上限方案来看，社区商业服务设施现状配置量与居民需求基本一致。

上述结果说明，人口构成特征决定设施需求要高于千人指标标准。而优化后的配置量与现状更为接近，反映了商业服务设施在一定时间的自我发育和动态演化后，逐渐与需求呈均衡状态，这在一定程度上验证了基于社区生活圈的千人指标优化的合理性。

7.4 基于社区生活圈的设施分级落位引导

在社区公共服务设施分级配置标准中，强调不同类型的设施要在不同的社区空间中进行配置，如 2015 年《北京市居住公共服务设施配置指标》设立了“建设项目—社区—街区”三级配套设施指标体系，其中，建设项目级配套设施包括室外运动场地、小型商业服务设施（便利店）等

"建设项目必备的基础性设施"，其实质是指位于居住区内部的、供社区自身使用的设施；街区级配套设施是指"多个社区共同使用的、较大型的"设施，即反映了社区之间对城市公共服务设施的共享现象；社区级配套设施介于两者之间。在最新的《城市居住区规划设计标准》（GB 50180—2018）中，也提出了按照不同等级的生活圈进行分级控制、采取差异化的空间布局等。

尽管现有的标准已经体现了等级化的划分思想，但如何在空间上进行落位，还需要更进一步的探讨，因为在实际的社区规划中难以适用于设施选址等空间规划任务。北京市所实施的标准实际上暗含了"自足"与"共享"的理念，而社区生活圈、基础生活圈的空间体系以集中度和共享度进行空间体系的划分，可以对不同等级的设施进行落位引导。

7.4.1 基础生活圈服务设施空间引导模式

基础生活圈体系的不同圈层代表了居民的日常生活习惯与需求在空间上的变化。不同类型和规模的设施则依照不同等级生活圈的服务核心进行分别布置，可以提高设施供给和居民需求在空间上的匹配程度，促进设施配置的集约化和生活空间的自足与共享。除综合管理服务设施、市政公用设施存在特定的数量限制以及技术要求之外，不同等级的其余各类型设施，按照由低级到高级的顺序，从内向外分别落位于基础生活圈的各个圈层中（表 7-6）。

表 7-6　北京市"配置指标"中设施等级与基础生活圈体系的关系

"配置指标"中设施等级	人口规模	设施类型	设施性质	基础生活圈Ⅰ	基础生活圈Ⅱ	基础生活圈Ⅲ
建设项目级	小于 1 000 户	室外运动场地、小型商业服务设施（便利店）	建设项目必备的基础性设施			
社区级	1 000—3 000 户	老年活动场站、公共厕所、幼儿园、社区卫生服务站	为社区提供基本公共服务的设施			
街区级	规模为 2—3 km^2	超市、便利店、社区服务中心、室内体育设施、社区文化设施、机构养老设施、公交首末站、学校、社区卫生服务中心、菜市场	多个社区共同使用的、较大型的街区级配套设施，大部分需独立占地			
街区级以上	—	百货商场、购物中心	城市层面商业服务设施，多个社区共同使用			

注：黑色代表各基础生活圈的覆盖范围。

（1）基础生活圈Ⅰ公共服务设施配置。基础生活圈Ⅰ为一社区独有的空间，从其所包含的设施类型来看，通常为住宅类项目的必备基础性设施，也包括一定的商业服务、活动场站等。因此，基础生活圈Ⅰ层面应主要配置建设项目级配套设施，如室外运动场地、小型商业服务设施等，并包含一部分低等级的社区级配套设施。

（2）基础生活圈Ⅱ公共服务设施配置。基础生活圈Ⅱ包括居住社区的周边街道等公共区域，主要面向本社区服务，但有时与周边社区存在低水平的共享现象；从其所包含的设施类型来看，基础生活圈Ⅱ层面主要配置社区级配套设施，如老年活动场站、幼儿园、社区卫生服务站等，也包括一部分紧邻本社区、低等级的街区级配套设施。

（3）基础生活圈Ⅲ公共服务设施配置。基础生活圈Ⅲ主要包含城市公共空间部分，通常为多个社区共同使用，共享水平较高，设施规模较大，需要独立占地。因此，基础生活圈Ⅲ层面主要配置街区级配套设施，如各类社区服务机构、公交首末站、学校、菜市场等，也包括一部分高等级的社区级配套设施。除此之外，基础生活圈之中还应包含一部分城市层面的、街区级以上的商业服务设施，包括百货商场、购物中心等，这一部分设施也应作为基础生活圈Ⅲ层面的设施。

不同类型和规模的设施则依照社区中集中度、共享度所定义的不同圈层进行分别布置，就形成了单社区的服务设施配置空间模式。除综合管理服务设施、市政公用设施存在特有的数量限制以及技术要求之外，其余的休闲设施、教育设施、商业服务设施、医疗卫生设施分别按照上述对应关系进行空间组织。由此，每一类型的各个设施在各自类型的社区日常活动之下，作为活动节点，参与组织成为就学、就医、购物、休闲等不同类型的活动系统（图 7-3）。

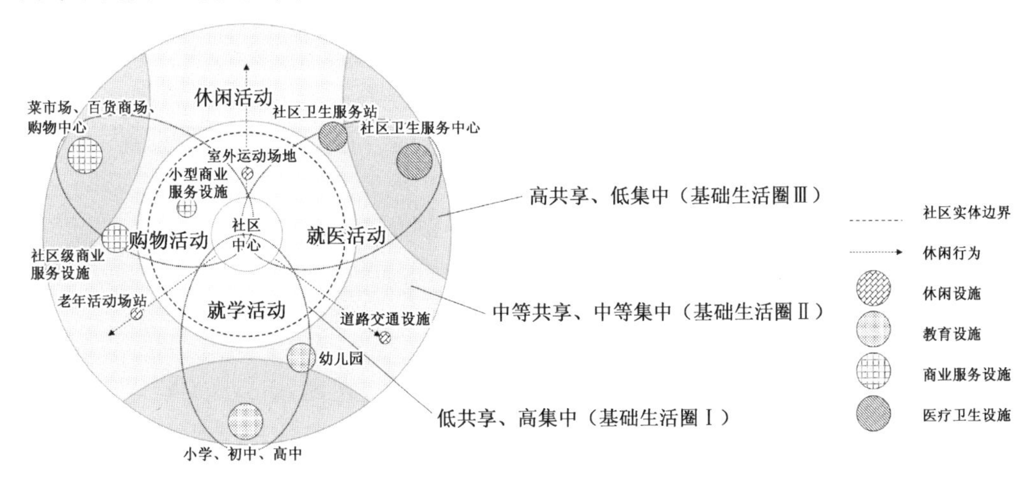

图 7-3 基础生活圈服务设施空间引导模式

7.4.2 社区生活圈服务设施空间引导模式

根据对社区居民行为的调查，除非受到交通干道、自然屏障的制约，社区居民对设施的利用状况更倾向于在步行可达范围之内形成一个“统一市场”，而非分属于各个小区的配套设施。城市社区配套设施的微区位布局研究表明，只有当社区日常设施具有“等质等量”特征，即设施与设施之间不存在规模、服务能力的差异时，居民才会按照最小服务距离原则选择服务设施，小区配套模式才是最优的；而在大多数情况下，由于服务功能不具有“等质等量”特征，因此更倾向于聚集在市场的中心区位，以占据最大的市场份额，此时单元配套的规划方法不能达到最优状态（徐晓燕，2011）。

从设施类型来看，具有“等质等量”特征的设施通常要求具有较高便利性，如小型商业或等级性区别不大的设施、部分小型的市政公用设施等，这恰好也是《北京市居住公共服务设施配置指标》中所定义的项目级基础设施，同时也是本书所提出的以“自足性”为主的基础生活圈Ⅰ主要配置的圈层。而对市场区位要求更高的设施，则更多地服务于等级较高的休闲、商业、医疗、教育等，而这一类设施多为社区级和街区级公共服务设施，即本书所提出的基础生活圈Ⅱ、基础生活圈Ⅲ主要配置的设施。

因此，转变规划的视角，将社区置于开放的城市空间中，以设施布局所达到的服务效用最大化为原则，将邻近社区组合成为一个完整的市场系统，变割裂式的规划为联合式的规划，才能够实现社区服务设施配置中的最佳区位目标。

社区生活圈的空间组合为多社区的联合规划提供了可用的空间区位结构参照。在单社区服务设施配置空间模式的基础上，对于多个邻近的社区而言，每一个社区可以形成各自的基础生活圈结构，彼此重叠组合，形成社区生活圈。每一个社区生活圈既包含了各个社区的自足性部分，即基础生活圈Ⅰ，也包括了多个社区共同利用的共享部分，即基础生活圈Ⅲ。符合自足性要求、面向本社区服务的设施主要位于基础生活圈Ⅰ中，符合共享性要求、面向多个社区服务的设施主要位于基础生活圈Ⅲ中，介于自足和共享之间的设施则位于基础生活圈Ⅱ中，形成了多社区服务设施配置的社区生活圈空间模式（图 7-4）。

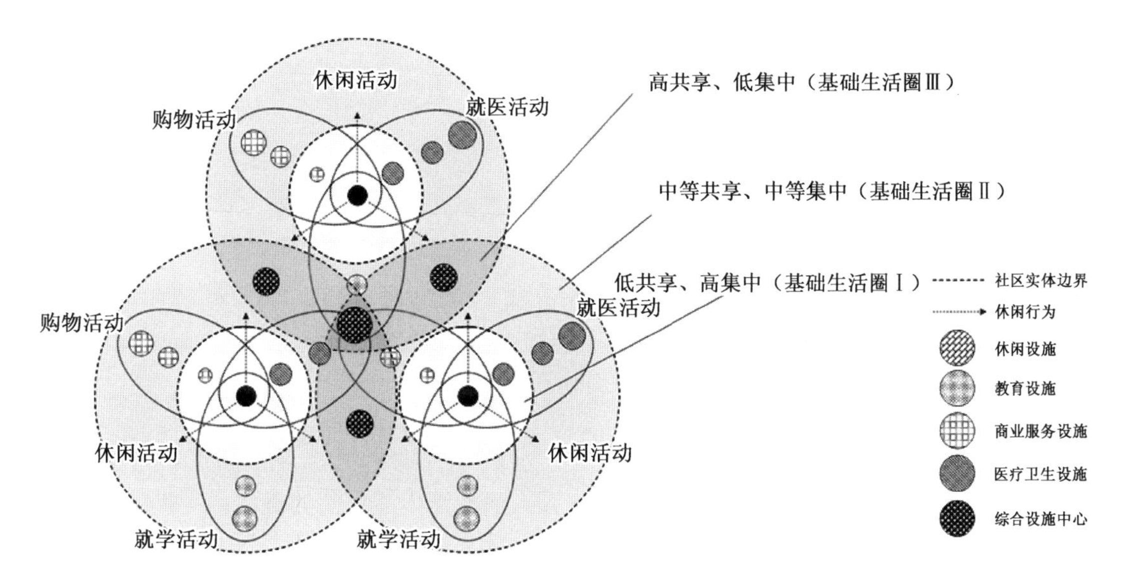

图 7-4　社区生活圈服务设施空间引导模式

第 7 章注释

① 参见王夏：《城市住区公共服务设施和谐发展研究》，硕士学位论文，东南大学，2012。

② 全样本可以理解为在全市范围内进行调查所得到的样本，但由于调查范围的限制，本书中采用清河街道的全体样本。

③ 根据社区实地调查得到。

8 从社区生活圈到城市生活圈

伴随着以人为本的新型城镇化建设核心理念的凸显，人在城市生活中的多元需求得到重视，生活空间的构建与生活质量的提升得到重视（仇保兴，2003，2012）。城市可持续性的内涵逐渐开始突破过去的环境、能源和经济层面，更加深入到城市生活空间的质量；而生活空间质量观下的城市规划理念，也由物质生活空间功能的主导结构转化为城市社会生活空间功能的主导结构，日渐重视生活空间质量单元、城市生活质量空间体系的构建过程（王兴中，2011）。

首先以社区生活圈概念进行延伸，以生活圈的视角透视城市生活空间结构，基于个体日常活动规律，从居民时空行为视角提出构建以“社区生活圈—通勤生活圈—扩展生活圈”为核心的城市生活圈体系（柴彦威等，2015）。其次在不同的城市空间区位上，探讨多种生活圈叠加下的理想模式。最后以北京城市空间为背景，运用生活圈理论对北京城市生活圈进行实际探索。

8.1 城市生活圈的概念延伸

相关的行为研究已经表明，城市居民的活动呈现以社区为中心的圈层化特征。许晓霞等（2010）在探讨郊区巨型社区居民活动的时空特征时提出，承载居民基本生活活动的社区自身及附近 2.5 km 范围内的空间，承担就业活动和少量购物、休闲活动的 12.5 km 范围内的空间，承载长距离通勤和少量休闲活动的 12.5 km 至 35 km 范围内的空间，分属于三个生活空间圈层。

社区生活圈理论的提出代表了在社区空间尺度的生活空间优化模式，是解决城市社区空间自我服务能力不完善、设施配置水平与空间分布不合理、社区间社会关系薄弱等问题的空间指引策略。社区生活圈是城市生活圈在社区尺度上的反映，城市个体居民的完整日常行为投影到城市空间平面所形成的城市生活圈系统中，还包括由非机动出行方式与工作活动所构成的通勤生活圈，由非机动出行方式与非工作活动所构成的扩展生活圈。

以社区为中心，城市生活圈的各个圈层是一套完整的体系，是更高级的“停留点—路径”结构，其停留点是个人日常生活中的各个活动地点，如居住地、工作地、不同等级的购物休闲地等等。这些停留点之间决定了社区生活圈的各个圈层结构，各自具有不同的时间尺度、空间尺度、功能尺度。就个体居民的城市生活圈结构而言，总体上呈现以社区为中心向外层层发散的空间格局（图 8-1）。

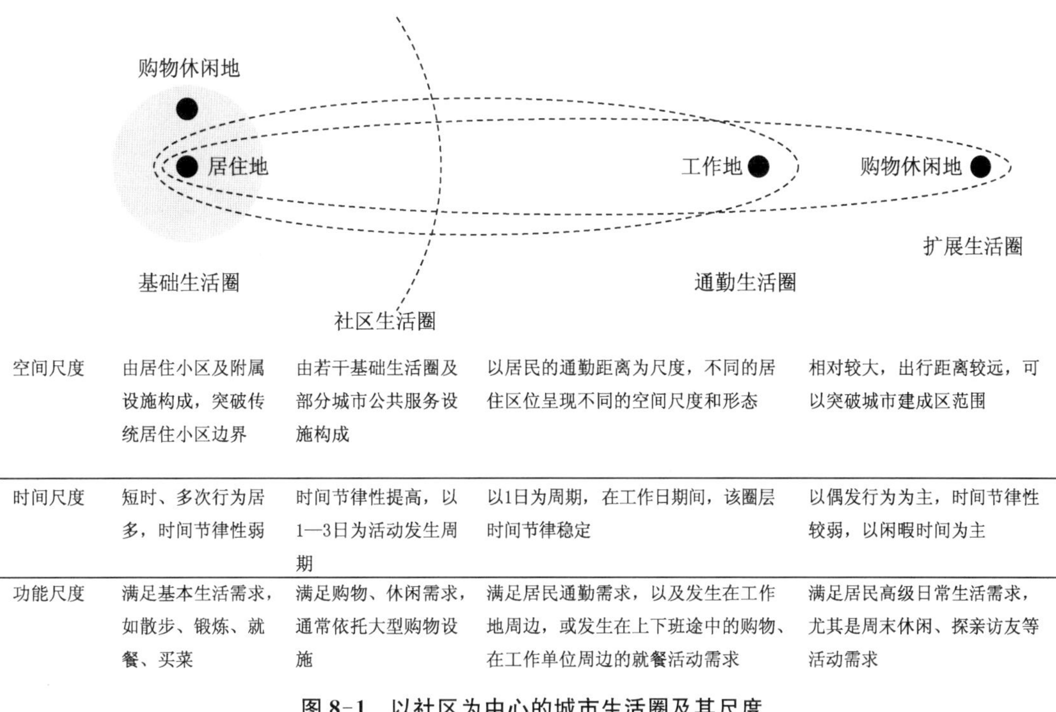

	基础生活圈	社区生活圈	通勤生活圈	扩展生活圈
空间尺度	由居住小区及附属设施构成，突破传统居住小区边界	由若干基础生活圈及部分城市公共服务设施构成	以居民的通勤距离为尺度，不同的居住区位呈现不同的空间尺度和形态	相对较大，出行距离较远，可以突破城市建成区范围
时间尺度	短时、多次行为居多，时间节律性弱	时间节律性提高，以1—3日为活动发生周期	以1日为周期，在工作日期间，该圈层时间节律稳定	以偶发行为为主，时间节律性较弱，以闲暇时间为主
功能尺度	满足基本生活需求，如散步、锻炼、就餐、买菜	满足购物、休闲需求，通常依托大型购物设施	满足居民通勤需求，以及发生在工作地周边，或发生在上下班途中的购物、在工作单位周边的就餐活动需求	满足居民高级日常生活需求，尤其是周末休闲、探亲访友等活动需求

图 8-1　以社区为中心的城市生活圈及其尺度

8.2　生活圈视角下的城市生活空间

城市生活空间是社会、经济、文化诸要素作用于人类活动而在城市地域上的空间反映（柴彦威，1996），是“人们为了维持日常生活而发生的诸多活动所构成的空间范围”（荒井良雄，1985）。与基于生产空间视角从经济要素对城市空间进行解读的方式不同，生活空间视角更多地将城市视作具有生活意义的场所空间。在行为主义的视角下，所有的城市日常生活现象都可以被纳入“城市活动空间层次与定义”结构中（周尚意等，2006）。以生活圈理论对城市生活空间结构进行透视，以挖掘其新的空间模式与特征。

8.2.1 社区生活圈下的城市生活空间

在社区内部及近邻的周边，居民可以利用社区超市等服务设施进行例如买菜、购买日用品等生活活动。基础生活圈内囊括基本的公共服务设施，如托儿所、大型超市、街心公园、卫生服务站等。几个近邻的社区由于共享城市基础设施，其各自的基础生活圈会发生重叠交错，构成能够满足居民基本生活的社区生活圈。但实际中，一方面可能出现前期规划不完善，社区生活圈中资源配置分散，导致用地效率降低；另一方面可能由于这些共有基础设施集中布局的位置偏离社区生活圈的中心较远或设施不足，对于一些空间上位于边缘地区社区的可达性较低，社区生活圈内共享的基础设施无法充分满足这些社区的需求，使得社区生活圈整体形态出现倾斜与收缩。因此在这一空间尺度上要注意社区的空间尺度合理，近邻几个社区之间应共享餐饮、休闲、医疗等设施，同时应配置一个公共服务的核心，向周边几个社区提供购物、休闲等服务。除了在社区生活之外，社区生活圈之内还应布置面积较大的公园、对外的交通站点等设施，最理想的城市规划与建设结果是使各个居住社区对社区生活圈内的基础设施享有均等的可达性（图 8-2）。

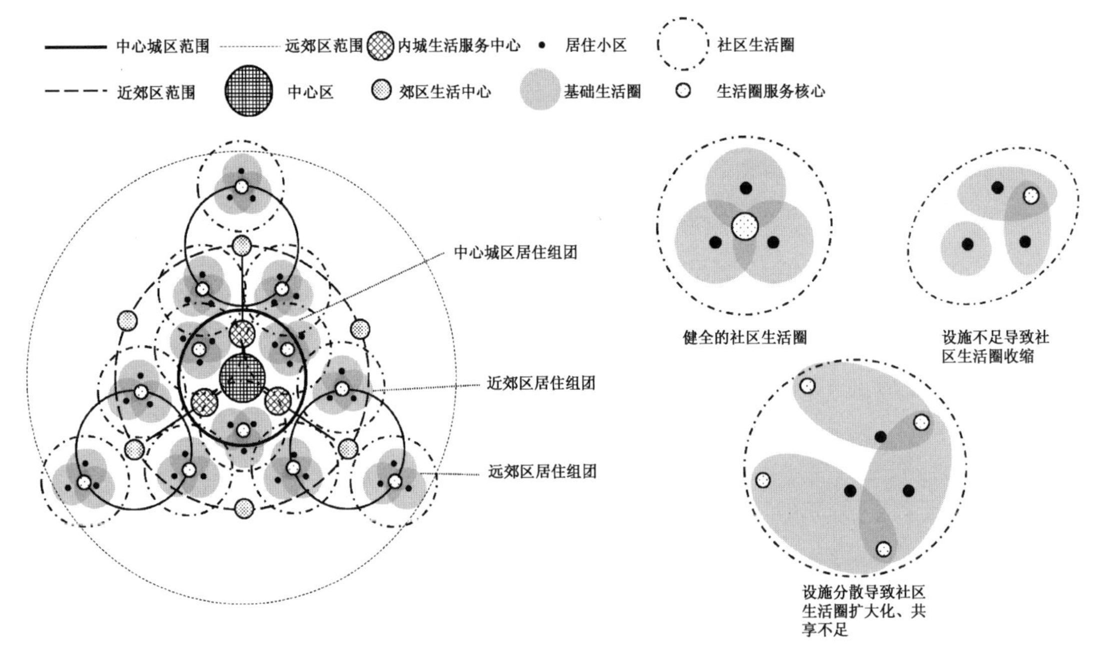

图 8-2 社区生活圈下的城市生活空间

8.2.2 通勤生活圈下的城市生活空间

在居民的生活中，除去餐饮、购物等日常基本活动之外，最重要的城市活动就是通勤。改革开放以来，我国城市土地与住房的市场化以及不断加快的郊区化带来居住与就业空间关系的明显变化，导致居住地与就业地在空间上往往并不完全匹配，逐渐形成基于居民通勤活动的日常生活范围。张艳等通过对城市不同区位居住社区居民的通勤行为进行比较研究后发现，对于居住在内城的居民来说，由于城市主中心较多的就业岗位和便利的区位条件，较多居民会选择在内城的就业中心或者次中心工作，当然也有部分居民会选择到郊区的就业中心工作，形成"圆形+不明显的扇形"的内城居民通勤生活空间模式。居住在城市近郊区的居民，由于其居住地距内城就业地和郊区就业地都有一定距离，因此他们一方面会选择到内城的就业主中心和次中心工作，另一方面也会选择到郊区的就业中心工作，形成"圆形+扩展的扇形"的近郊居民通勤生活空间模式。而居住在城市远郊区的居民，由于距离内城的就业中心较远，通勤距离过大，因此更多的人倾向于在近郊区的一些就业中心工作，形成"圆形+收缩的扇形"的远郊居民通勤生活空间模式（张艳等，2013）。这样就在城市的不同空间尺度范围内形成不同流向的通勤活动，进而形成了居民的通勤生活圈（图 8-3）。

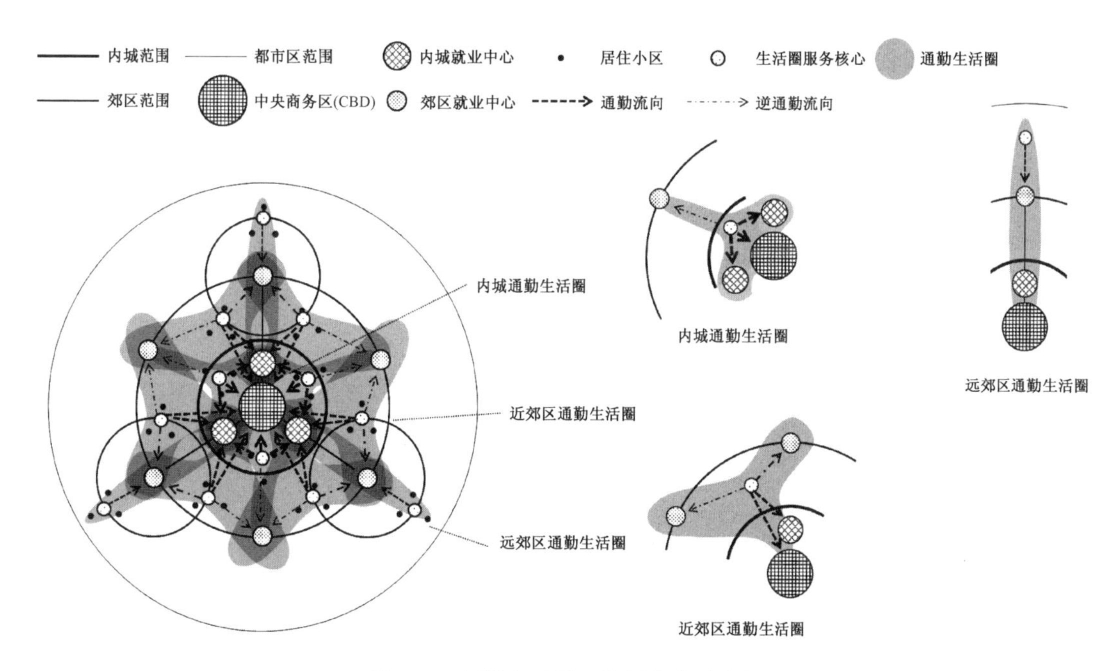

图 8-3 通勤生活圈下的城市生活空间

8.2.3 扩展生活圈下的城市生活空间

在都市区尺度，以居民偶发性的行为为主，比如居民会在周末进行远距离的休闲娱乐、探亲访友等活动，形成居民的扩展生活圈。居住在中心城区的居民，由于城市中心有较多高等级的购物、休闲活动中心，居民的扩展生活主要在内城发生，同时部分居民在周末也会前往远郊进行户外休闲等活动，形成“哑铃形”的中心城区居民扩展生活圈。对于居住在城市近郊区的居民而言，一方面内城高等级的购物休闲活动中心对居民的扩展生活具有巨大吸引力，同时近年来，在近郊地区发展起来的大型购物中心、步行街等也成为近郊居民进行扩展生活活动的重要空间，并且部分近郊的居民也会向更远的远郊进行周末郊游，形成“十字形”的近郊区居民扩展生活圈。而居住在远郊区的居民，既可以向城市内部的近郊大型购物设施和内城高等级休闲购物设施进行扩展活动，也可以向旁侧的其他远郊地区进行扩展活动，形成“弧形＋扇形”的远郊区居民扩展生活圈（许晓霞等，2011）（图 8-4）。

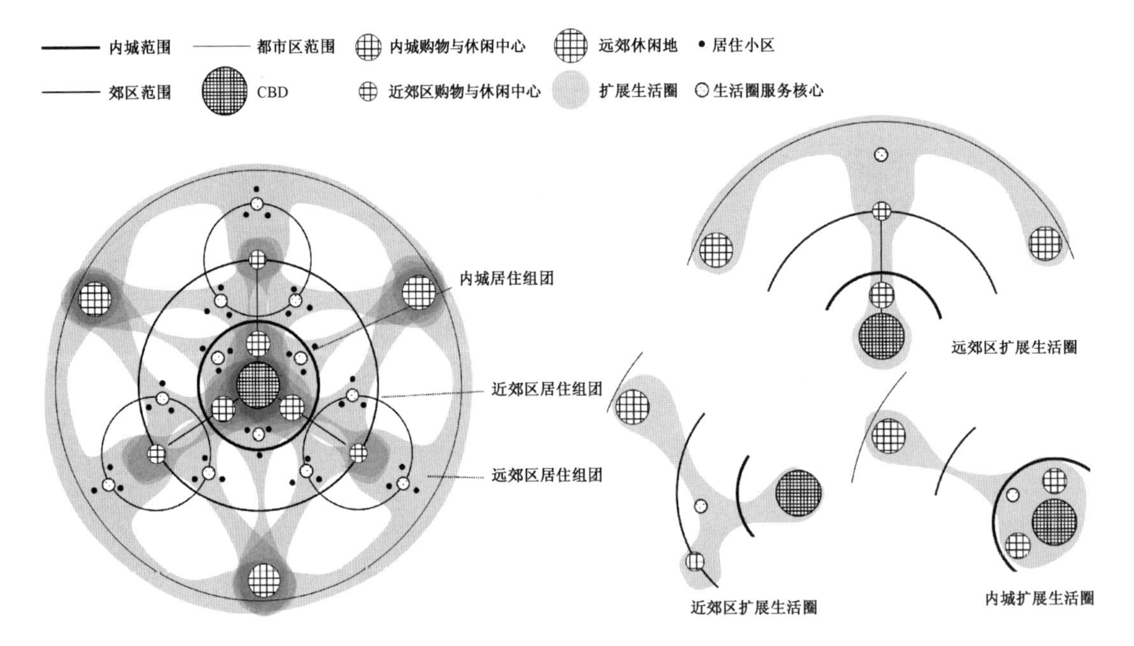

图 8-4 扩展生活圈下的城市生活空间

8.3 不同城市区位的生活圈理想模式构建

改革开放以来，我国城市土地与住房的市场化以及不断加快的郊区化，带来居住与就业空间关系的明显变化。一方面，大城市规划中更加注重多中心城市空间结构的建设，城市主次中心关系日趋复杂；另一方面，居民对重构紧凑、完整、便捷的生活空间诉求日益强烈，使得城市生活圈的规划研究意义重大。生活圈模式构建的实质是从居民居住、通勤、休闲等综合生活空间的角度出发，理解城市活动移动体系、地域空间结构与体系的内涵。通过生活圈理想模式构建，能够更好地反映城市空间与居民实际活动的互动关系，刻画空间资源配置、设施供给与居民需求的动态关系。

众多城市社区行为研究表明，在不同的建成环境以及社会背景下，人的日常行为结构、偏好以及需求都存在较大的差异，使得日常行为存在社区分异的现象（张艳，2015），而这种分异往往体现在不同城市区位的各类型社区上，如内城和郊区居民的通勤格局（张艳等，2013），内城社区、近郊区社区、远郊区社区的购物地点偏好及影响因素（柴彦威等，2010b）等都存在分异现象。

基于以上对生活圈等级体系的各个圈层解读，在不同的城市居住区位，进一步将社区生活圈、通勤生活圈、扩展生活圈各个圈层进行叠加整合，通过各生活圈之间的组合关系，可以得出居住在城市内城、近郊区、远郊区等不同区位的居民的理想生活圈模式，并且从社区为中心的视角对这种理想模式进行解析。

8.3.1 中心城区的理想生活圈模式

在城市的中心城区，居民的基本生活和通勤活动主要在中心城区内完成，有少部分居民到近郊区就业，偶发性到远郊区进行休闲，形成“圆形＋小扇形”的城市生活圈模式。

以中心城区的社区为中心形成的城市生活圈整体与社区的联系较为紧密，呈现紧凑集中的特征，并且由于靠近城市中心区，各类活动受到其吸引较为明显，因此整体呈现“内向性”的特点。可以说，社区空间形成了城市生活圈的基本骨架，对于中心城区居民而言，社区是日常生活的主要载体（图 8-5）。

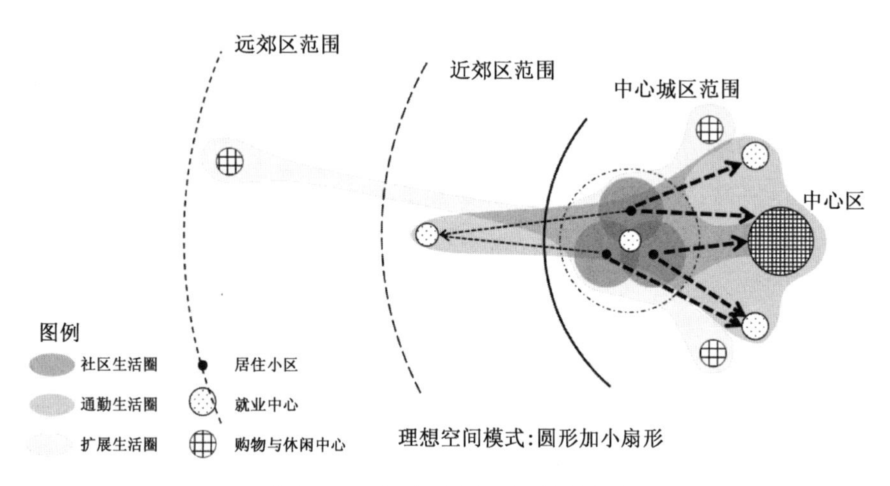

图 8-5 中心城区的理想生活圈模式

8.3.2 近郊区的理想生活圈模式

在近郊区，居民的通勤方向主要为中心城区的就业中心和部分近郊区的就业地，休闲活动一方面指向远郊区休闲地，另一方面指向中心城区的休闲场所，因此，近郊区的理想生活圈模式为由“圆形＋两个扇形”组成的纺锤形城市空间。

以近郊区的社区为中心形成的城市生活圈在各个方向上的发散较为平均，社区空间仍然承担一部分的日常生活职能，但其空间结构在很大程度上也受到城市道路等城市基础设施建设和城市功能分区的影响。结合当前我国大城市的一般发展规律，近郊区属于居住功能布局最为密集的城市区位，因此当前大多数的城市生活圈属于这一模式（图 8-6）。

8.3.3 远郊区的理想生活圈模式

在远郊区，居民的通勤方向指向城市内部，分别在近郊区的就业地和中心城区形成两个通勤活动的集聚地。而扩展生活一方面指向中心城区，另一方面指向其周边的远郊休闲地，从而形成了“圆形＋内向扇形”的城市生活圈。

在该区位上，由于大部分的日常活动都偏离了社区所在地，因此整体呈现“离心”特征，社区在城市生活圈中仅仅承担有限的职能，而很大一部分的日常生活内容要依托于设施更为完备的近郊区、中心城区而完成（图 8-7）。

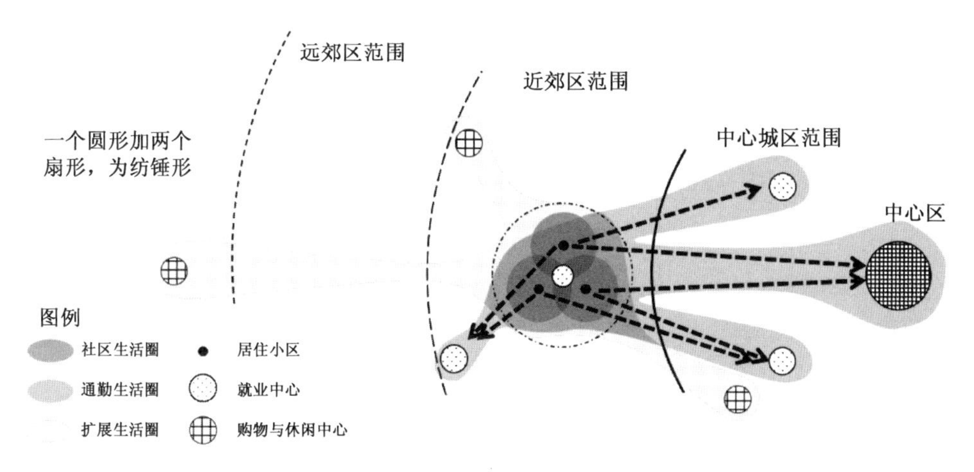

图 8-6　近郊区的理想生活圈模式

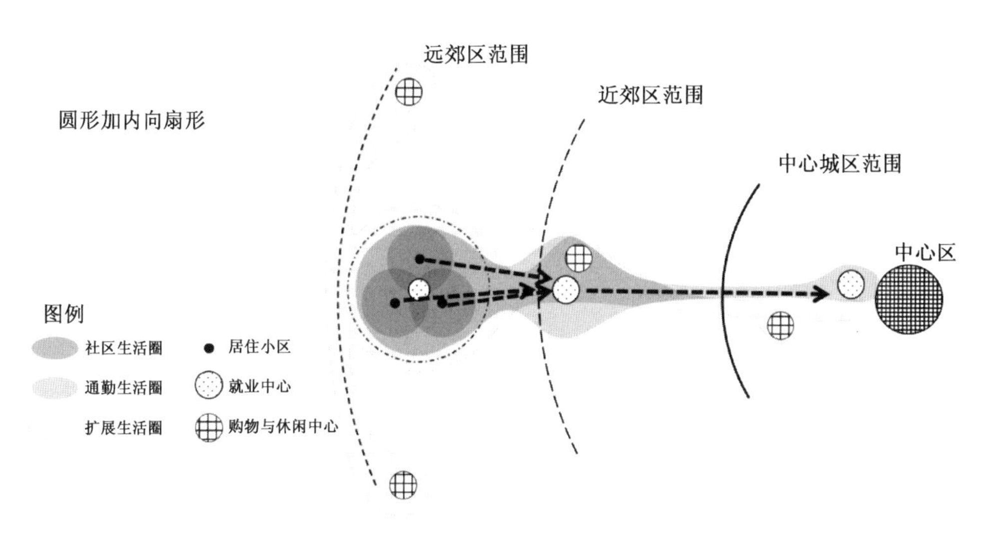

图 8-7　远郊区的理想生活圈模式

8.4　北京城市生活圈构建

基于上文对城市生活圈规划的设想和思考，本节试图将生活圈规划的理念应用于北京的实体空间，提出北京市的生活圈空间模型。本节主要研究范围为东城、西城、海淀、朝阳、丰台、门头沟、石景山、房山、通州、顺义、昌平、大兴、怀柔 13 个市辖区，而北部超远郊区的平谷、延庆、密云则不属于此次研究范围。

首先，基于对北京城市空间的调查与认识，对居住、就业、购物、休闲等各类活动中心进行空间定位（图 8-8）。

在居住中心和就业中心的定位上，参照刘碧寒、沈凡卜（2011）采

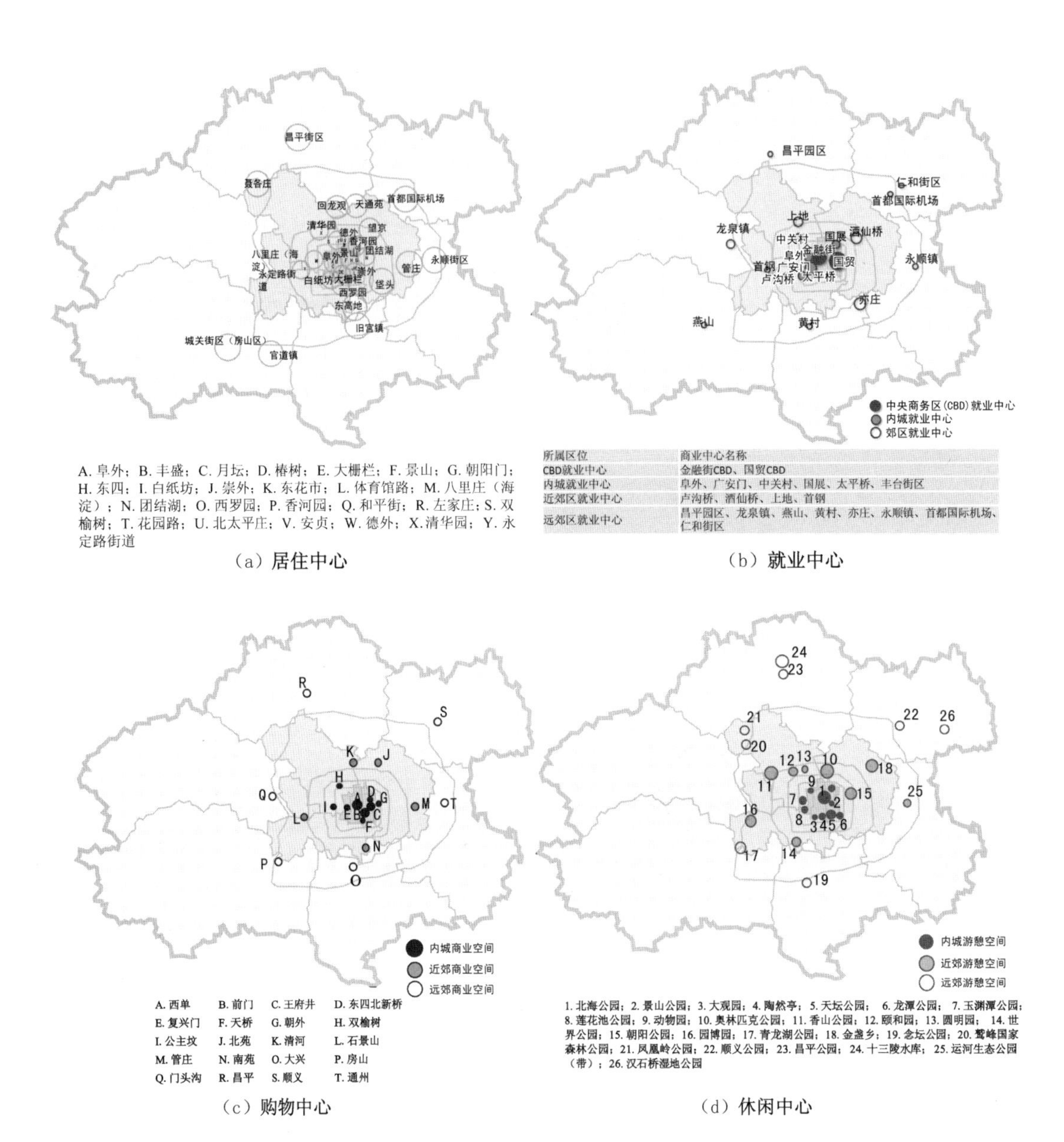

所属区位	商业中心名称
CBD就业中心	金融街CBD、国贸CBD
内城就业中心	阜外、广安门、中关村、国展、太平桥、丰台街区
近郊区就业中心	卢沟桥、酒仙桥、上地、首钢
远郊区就业中心	昌平园区、龙泉镇、燕山、黄村、亦庄、永顺镇、首都国际机场、仁和街区

（a）居住中心　（b）就业中心　（c）购物中心　（d）休闲中心

图 8-8　北京市各类活动中心识别

用 2001 年单位普查数据对于北京都市区就业—居住空间结构的研究。其中居住中心的识别，按照居住密度大于 12 000 人/km² 的标准识别出中心区的高密度居住中心，按照大于 4 000 人/km² 的标准识别出近郊区的居住次中心，按照大于 800 人/km² 的标准识别出远郊区居住次中心。在每一个居住中心内，包含若干个街道。由于本节要对北京城市生活空间做概化处理，因此将每一个街道视作一个居住点。最终确定在内城居住中心分布密集的区域存在 25 个居住点。

就业中心的定位结果，除了在北京城市中心区存在就业密集连绵区之外，以就业密度大于 8 000 人/km^2、总就业量大于 100 000 人的标准对就业密集地区进行识别，识别出北京城八区内的 9 个明显的高密度就业中心；采用就业密度大于 5 000 人/km^2、总就业量大于 80 000 人的标准，识别出 4 个次就业中心；以就业密度大于 5 000 人/km^2、总就业量小于 80 000 人的标准，识别出 6 个就业密集地区。本节按照实际的空间状况，对其进行调整补充，并按照中央商务区（CBD）就业中心、内城就业中心、近郊区就业中心、远郊区就业中心的标准，对其进行重新分类。

购物中心的定位主要综合对北京商业空间及演变的相关文献（史向前，1997；刘念雄，1998；于伟等，2012），并结合周边市区中心的发展状况，对内城、近郊区、远郊区共 20 个购物中心进行识别。

休闲中心的识别由于缺乏相关的文献支持，因此主要采用地图搜索的方式对北京市内的公园等大型开敞游憩空间进行查找，将其作为休闲中心，最终识别出内城、近郊区、远郊区共 26 个休闲中心。

在上述各类活动中心识别的基础上，综合考虑现状道路等活动廊道的布局状况，按照就近原则对北京市的生活圈空间进行梳理和构建。

8.4.1 北京社区生活圈空间重构

进入 20 世纪 90 年代，北京市住宅小区的开发速度和规模不断加快和扩大，空间分布上表现出以下两个特征：一是三环路以外的住宅建设速度加快，三环路以内的区域出现了减缓甚至停滞的现象。二是居住空间结构整体向北和向东突出。北部和东部不仅四环路之内的住宅开发相对成熟，而且四环路到五环路，甚至五环路以外都成为较好的住宅区位。与此相对应，南部地区的居住空间扩张相对较慢。近郊区凭借价格优势和不断改善的交通条件，吸引了大量的消费群体。除中心城区之外，部分远郊区的行政中心所在街道相对居住密度也较高，如昌平的昌平街区、顺义区的仁和街区、房山区的城关街区等（张文忠等，2003；刘晓颖，2001）。通过对居住在不同区位社区居民的日常生活活动进行分析，再结合已有研究中对居民基础生活空间的研究基础，可以划分出北京城市主要的社区生活空间。

分析发现，内城居民的社区生活圈内部重叠程度最大，对城市基础公共设施的共享程度最高，基础生活圈之间往往连成一片；近郊区或以快速兴起的居住功能组团，或以回龙观、天通苑等大型居住区为核心，形成相对独立同时向内城倾斜的社区生活圈；而远郊区居民的社区生活圈由于远离市中心，分布更加分散独立（图 8-9）。

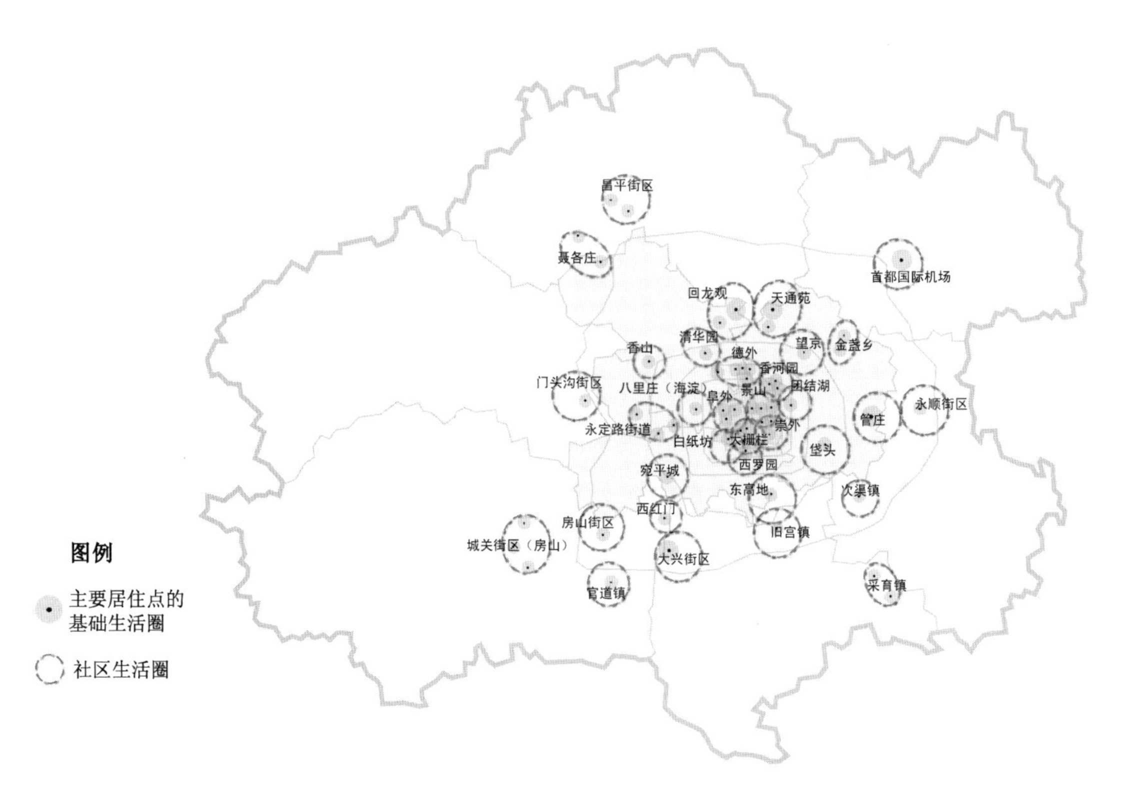

图 8-9　北京社区生活圈空间重构

8.4.2　北京通勤生活圈空间重构

结合北京居住中心、就业中心的分布，将北京城市的通勤生活圈分为内城通勤生活圈、近郊通勤生活圈和远郊通勤生活圈。

内城通勤生活圈为北京市通勤行为最为集中的区域。从通勤方向上来看，向内的通勤占多数，主要是向内城金融街、中关村、国展等大型就业中心的通勤，但也有少部分是向郊区的通勤，甚至也有一部分向外的“逆通勤”现象，如向上地、亦庄、酒仙桥、首钢等的通勤。近郊通勤生活圈的主要通勤方向包括内城的金融街、国展、广安门区和近郊的就业中心，比如上地等地区，这一圈层的通勤方向除向内的通勤之外，还有一部分通勤朝向相似城市区位的近郊区就业中心，形成“侧向通勤”，如向亦庄、酒仙桥、首都国际机场等处的通勤。远郊通勤生活圈的主要通勤方向一方面指向内城和近郊的就业中心，另一方面会进行旁侧的通勤，比如首都国际机场等，但相当一部分的通勤是在各自的独立空间中发生的，如各城区内部发生的通勤现象。可见，北京不同区位社区的通勤生活圈格局在方向分布上差异较大，体现了城区之间发展定位与发展状况的差异。未来应针对不同的基础条件与发展要求，或疏导，或配套，或控制，实现通勤生活圈的有序、合理、高效化（图 8-10）。

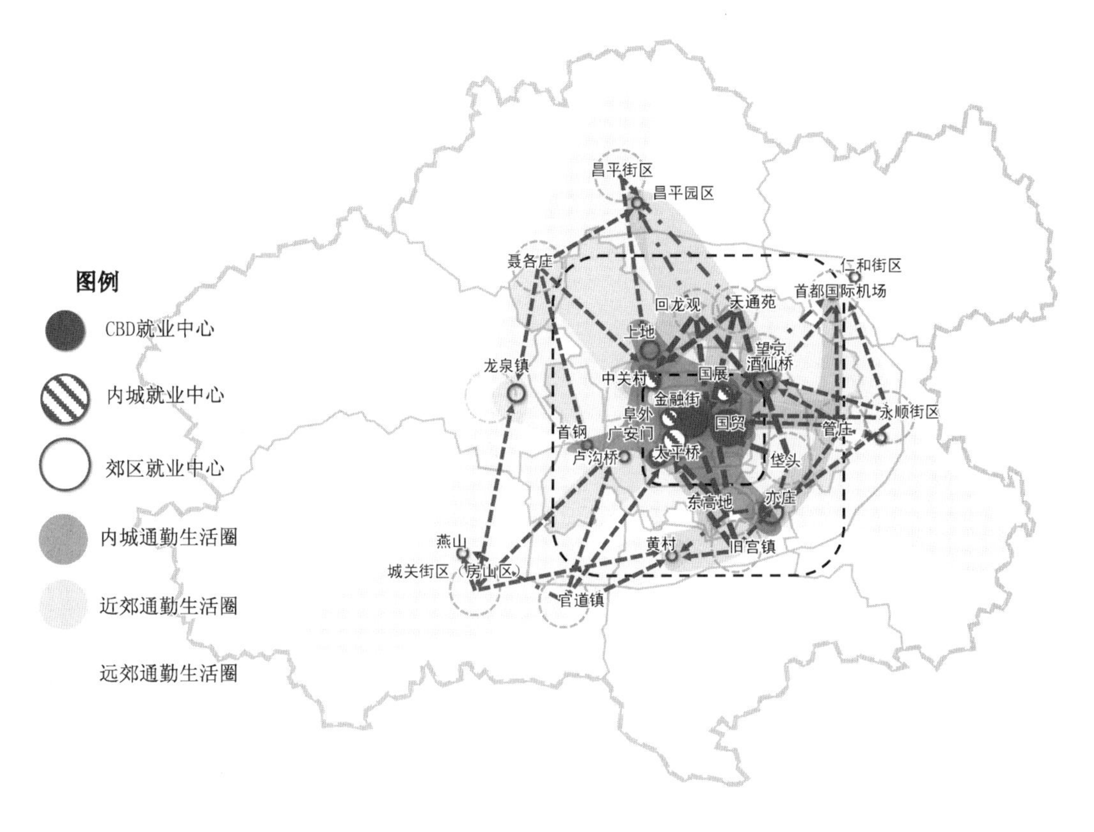

图 8-10　北京通勤生活圈空间重构

8.4.3　北京扩展生活圈空间重构

结合居民的居住区位和购物、休闲行为的方向，将城市扩展生活圈划分为内城扩展生活圈、近郊扩展生活圈、远郊扩展生活圈。

北京内城居民的扩展生活圈空间一方面包括内城的西单、王府井等商业服务设施集中区域以及北海公园、景山公园、玉渊潭公园等大型公共开放场所，另一方面也包括远郊的小汤山、凤凰岭等休闲地，因此呈现向外发散的形态。近郊居民的扩展生活空间一方面指向内城的高等级购物休闲地，另一方面包括远郊的休闲旅游地，由于其居住区位的原因，近郊扩展生活圈的分布在各方向上较为均衡。远郊居民的扩展生活空间一方面指向近郊区、内城的购物休闲地，另一方面包括旁侧的休闲等扩展空间，因此呈现一种“环带”状。由以上分析可见，北京东北部、东部、西北部与西南部已经初步形成了城市游憩带，但北部、东南部的扩展生活空间尚不完善。未来应依托北京六环路，建成与内城相连通的环城游憩空间（图 8-11）。

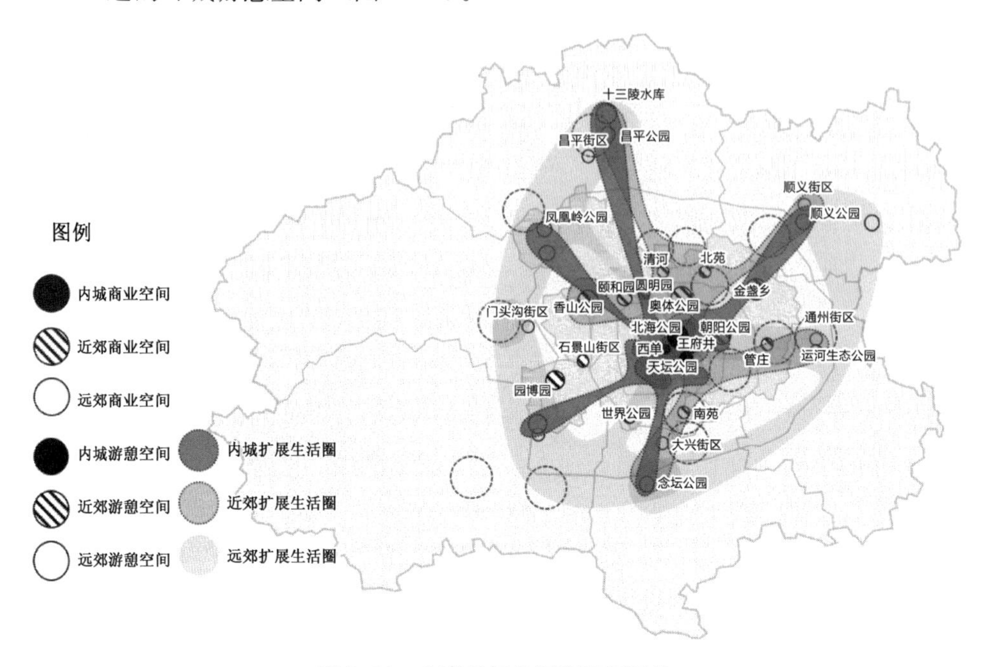

图 8-11　北京扩展生活圈空间重构

9 城市社区生活圈规划研究的未来

随着我国新型城镇化进入新的阶段，以及城市规划本身对于人本化的深度探讨，社区生活圈规划已经成为这两大发展趋势的重要融合点之一，在概念内涵、空间体系、区位结构、优化引导、应用拓展等方面，都需要进行大量研究。而时空间行为视角，因其关注城市微观个体，着眼于日常生活，而具有较好的适用性。本书立足城市社区的建设发展及城市生活空间问题，提出以社区生活圈创新城市社区规划，促进社区规划中对于社区微观日常生活的关注，从行为的视角重新理解人与社区的关系，构建基于行为的社区生活圈概念基础；将空间行为研究中的行为区位论、活动空间方法、显示性偏好理论进行集成，并提出面向城市生活圈的空间行为规划观；基于行为决策视角，以主观偏好和客观制约的角度，解释社区生活圈的影响机制；多尺度建立一套较为完整的社区生活圈空间模式体系。

城市生活圈规划不论是在学界还是在实践领域都正引起越来越多的关注与尝试，同时也是在城市规划向以人为本转变过程中的重要实现手段。但是通过梳理目前研究与实践可以发现，城市生活圈规划仍然在概念、范围、内涵、职能、数据、技术路线、实施模式和保障制度等方面存在诸多挑战。目前来看，以大量的时空间行为研究作为基础的生活圈规划在概念、范围、内涵和职能等方面，学界已经有了比较肯定的观点；但是，如何将学术研究知识转化为应用实践，并推动现有规划实现转型发展，这是当下生活圈规划所面临的核心问题。生活圈规划还应该加强时间维度的研究与政策引导，目前居住区规划主要考虑的是设施的空间布局，对设施的时间资源、时间运营状况以及与需求者居民的时间利用之间的匹配情况很少涉及。生活圈规划应该研究设施的时间资源与时空可达性，特别是应该对信息化技术广泛应用后的设施的时空使用方式给予充分的考虑。

本章在对全书进行回顾与总结的基础上，对未来城市规划发展中社区生活圈规划的启示进行总结和展望。

9.1　生活圈规划研究的整体前进方向

随着城镇化进入以人为本的内涵式发展阶段，城市规划愈发强调居民在城市生活中的满足感与获得感。作为城市规划转型的重要抓手，以及国土空间规划在微观社区层面的落脚点，社区生活圈规划近期得到了学界和规划实务界的关注，涌现出一批具有创新性和借鉴价值的研究与实践成果。不过，现有探索对于社区生活圈规划的概念理解仍有不足，职能归属、规划方法和实施模式更属空白。因此，面向新时期的规划创新要求，必须加快推动社区生活圈规划的落实（柴彦威，2020），具体如下：

第一，重视居民需求与主观评价。在概念上，社区生活圈指居民在社区周边的日常活动空间及在其中各类设施与服务的集合。在现实背景上，以人为本的新型城镇化也在呼吁城市规划和城市管理重视居民差异化、个性化的生活需求以及提升生活质量。然而，目前与社区生活圈有关的研究和规划实践仍多为设施导向，延续传统空间规划的理论与方法，对居民日常行为和需求的关注不足。社区居民对生活圈内的设施的需求不仅有共性，而且存在很多差异性，因此，要加强对居民个性化需求的研究，以更好地实现需求和设施的精准匹配。居民对设施不仅有客观使用，而且有主观感受，因此在满足需求的同时，还要注意主观评价的研究，以真正实现生活满意度的提升。

第二，重视时间。《城市居住区规划设计标准》（GB 50180—2018）将“15 分钟生活圈”“10 分钟生活圈”“5 分钟生活圈”作为主要的规划对象，但这里的 15 分钟、10 分钟和 5 分钟背后的原因，以及不同的时间和不同的空间设施如何结合，目前仍然思考不够。与此同时，已有规划探索仍以空间手段为主，对时间关注较少。事实上，目前城市规划已经进入空间集约、存量规划的新阶段，因此如何实现空间的弹性化、时间化，如何将相对刚性的空间手段与灵活的时间手段相结合，如何实现居民生活时间安排与设施时间资源供给的匹配，这既是社区生活圈规划重要的研究内容，也是社会走向信息化和精细化管理的必然要求。

第三，重视对研究和规划实践的总结和提升。社区生活圈规划的落实可以分为两个阶段。目前这个阶段应该加强研究和探索的力度，把规划的理论方法和实施模式的总结作为近期的重点。通过对近期研究与规划实践的总结，在中远期可以将社区生活圈规划纳入国土空间规划的法定规划框架。事实上，日本、韩国的相关城市以及我国的台湾地区在城镇化走向以人为本、重视质量内涵的发展过程中也经历了同样的道路。

同时，我们认为社区生活圈规划可以统领目前老旧街区、居住区和工业区的更新改造，采用生活圈规划的视角和方法来建设一个成熟的、有品质的建成区。

与现有宏观的、偏自然要素的、供给导向的、强调空间维度的国土空间规划相比，社区生活圈规划既是微观的、偏人文的、人的需求导向的、强调时间维度的规划，也是城镇化向以人为本转型的必然选择。目前相关研究和规划实践仍然延续传统空间规划的思路，对社区生活圈的本质概念把握不足。为此，我们提出未来相关实践要加强对需求与设施结合、主观与客观结合、时间与空间结合的研究和探索。同时，针对目前规划方法和实施模式不足的问题，我们认为近期要加快推进各地方开展社区生活圈规划实践，通过总结和提升构建适合于中国国情的生活圈规划理论与方法论。

9.2 社区生活圈的概念创新

本书从国内社区研究、社区概念所面临的现实问题入手，基于时空行为的视角提出了社区生活圈的概念内涵。社区生活圈的形成不同于以商业服务设施为中心形成的“商圈”的概念，而是建立在行为区位视角下的空间体系，社区生活圈形成的背后是社区的生活功能与可达性，是个体活动空间的停留点与路径结构，也是在城市机会、居民认知与选择、制约等多种因素的共同作用下的空间结果。

空间概念的创新是社区生活圈研究的核心创新之一。本书从社区尺度提出社区生活圈空间界定、从多社区联合的尺度提出社区生活圈空间组合关系，此外还将社区生活圈的概念向城市空间层面延伸，形成了城市生活圈的概念，初步建立了一套较为完整的社区生活圈空间模式体系。

在未来，随着时空行为理论方法的进展、城市生活空间的演变发展，需要有更多的相关研究探讨社区生活圈的空间本质问题，需要更加深层地厘清社区生活圈中人与空间的关系以及相互作用机制，更加立体化地展现社区生活圈的丰富内涵。例如，城市生活圈的概念界定所采用的两个维度，社区生活圈空间体系划分所采用的自足性、共享性和出行可达性等，本质上是为了便于开展研究而采用的简化的划分标准，实际的情况要更为复杂。社区生活圈有着比这远远更多的侧面，有待于未来的研究去揭示。只有在此基础上，才能更加清楚地知道社区生活圈规划所需要规划的究竟是什么，也才能够明确社区生活圈规划的目标。

9.3 城市社区生活圈的空间模式

本书在归纳总结生活圈概念类别的基础上，提出了广域生活圈与城市生活圈的概念区分，进而提出了从基础生活圈到社区生活圈的空间模式，并将生活圈的空间概念向城市尺度进行延伸，提出了通勤生活圈与扩展生活圈的概念，形成了一套较为完整的生活圈概念体系。这一概念体系已通过时空间行为的研究分析得到了自我验证。该理论体系突破了"商圈"理论中辐射范围的观点，也突破了简单的"空间单元"概念，而是从动态化、复合化的视角增加了对社区生活圈微观结构的认识。

在未来的研究中，社区生活圈的空间体系应该继续向微观和宏观两个方向进行延伸。在微观方向上，应该更加深入地探讨社区生活圈内的微观结构，更加具体地展开生活圈内部的日常行为图景；在宏观方向上，城市中人的移动性不断上升，更大尺度的生活圈结构不断生成，给城市规划带来更多的启示，尽管本书中已经就从社区生活圈到城市生活圈的延伸进行了探讨，但还远远不够细致，尤其是还缺失以数据为基础开展的实证研究。而这些工作，对于回应微生活空间提升以及城市生活空间重构的议题都具有重要意义。

9.4 社区生活圈规划研究中的数据收集与管理

城市生活圈规划因其以个人活动出发、自下而上的特性，需要有更多的数据来支撑规划实践。具体来说，除了传统规划中所需要的现状数据［房屋、道路交通、基础设施、兴趣点（POI）、人口等］以及现有规划图纸、文本（总规、交通规划、控制性详细规划、专项规划、经济发展规划等）外，还需要大量由居民个体产生的数据，比如位置数据，包括手机信令、微博签到、出行应用程序（APP）、全球定位系统（GPS）调查数据，以及居民活动日志调查数据，还有微博、微信和美团点评上的社会舆情数据。

这些由居民个体产生的数据在生活圈规划中发挥重要作用。按照生活圈范围划定的规则，即居民每天从家里出发再回到家的所有行为的空间可达范围，现状生活圈的划定依赖于精确的居民位置数据（目前来看，比较可靠的只有 GPS 调查数据），如果需要区分不同职能的生活圈，还需要有居民活动日志调查数据作为辅助支撑（孙道胜等，2016）；规划公众参与也可以从居民对周边设施的评价分析中得以实现。

对于传统规划中同样需要的现状数据，生活圈规划提出了更高的要求。以公共设施为例，除了分布位置外，生活圈规划还需要设施的开放时间，以便在时间维度上对设施可达性进行评价，真正做到时空资源的均等、精准配置。

总的来说，以人为本、从日常生活出发的生活圈规划需要大量的个体位置数据、行为数据和评价数据，这些数据不仅量大，来源也较为分散。因此如何整合不同数据来源渠道，便捷、有效、低成本地收集这些数据是生活圈规划所面临的重要挑战。由于数据量大，而且关乎个体信息，因此如何安全地储存和管理这些数据也是生活圈规划所要解决的重要问题。

9.5 社区生活圈规划研究的技术与方法

本书结合以 GPS 为核心的行为数据，尝试构建社区生活圈的相关研究指标，以支撑社区生活圈的量化分析，克服一般社会学、规划学视角的社区生活研究中更侧重主观定性分析而忽视客观定量分析的困难，精准反映社区生活圈活动的空间特征，科学支持社区生活圈规划的应用实践。

在指标构建方面，在社区生活圈的影响因素分析中，针对社区生活圈中的停留点和路径结构，构建了“停留点面积”“路径长度”等简单的测度指标；在社区生活圈体系划分、空间组合的研究中，从城市社区的自足性和共享性的特质出发，通过“集中度”“共享度”复杂指标的构建，有力支撑了不同尺度的空间结构模式的验证。

在测度方法方面，在社区生活圈的划定中利用时空密度指标，在以功能与可达性作为维度划定的日常生活象限中，成功验证了社区生活圈步行可达和以非工作活动为主的基本特点；并运用了散点轮廓算法（Alpha-shape）活动空间界定、活动路径方法，对社区生活圈的空间结构进行了深度解析；在社区生活圈体系划分、空间组合研究中，运用空间分析、空间聚类等方法，精准有效地反映出社区生活圈的时空分布特征、空间组合结果。

在未来，应该建立更加多元的社区生活圈定量研究的范式。本书的定量研究方式更多地侧重在空间分析方面，而对于数理模型的运用还较为初步，有很多的问题尚未得到有效回答，例如，本书对于影响因素的分析往往通过观察或简单的回归方法得出，未来还可以采用更为复杂的模型分析方法来进一步研究社区生活圈的内生关系等。总的来说，城市生活圈规划涉及现状生活圈的划定与评价，基于居民需求和意愿的理想模式提出、规划方案生成等过程，但是具体的细节和技术方法仍然需要细化和商讨。

未来，生活圈规划的各个流程，包括数据采集与分析处理、行为模型构建、分析结果可视化、居民和其他利益相关方参与、设施规模预测与调整、规划政策决策、规划实施与评估等都将被制订成标准化的操作规则，涉及的技术也将打包形成一整套的规划辅助工具，以便于规划者使用。随着人工智能、机器学习研究方法的完善，以及微观模拟技术的日渐成熟，社区生活圈的研究之中可以融入更多的新技术，以呼应当前城市空间的动态性和复杂性的上升所带来的研究精度的提高。

9.6　社区生活圈规划的实施模式和制度保障

本书基于社区生活圈的空间体系，提出了弹性化的社区服务设施分级配置空间模式，构建了对服务设施分级配置进行弹性化引导落地的规划路径；基于社区生活圈中的设施需求，进行千人指标和服务半径配置方法的突破，构建了以行为需求为导向的社区服务设施配置优化路径；提出以生活圈重构城市生活空间，构建了以日常生活为导向的城市空间优化路径。

未来，除了从学理上进行研究，还应着重解决规划路径和制度性建设等问题。城市生活圈规划因其以人为本、重视个体需求的特性，要求自下而上和自上而下方式的结合。与传统规划主要由政府和规划专家决策不同，生活圈规划还需要居民、企业、地方非营利机构的参与，比如生活圈的界定依赖于对居民日常活动的调查以及相关企业数据的提供，设施优化需要分析居民的行为特征以及居民提出的主观需求，社会环境的建设更是需要地方机构和居民的共同参与，否则只能是纸上谈兵。因此，生活圈规划注定是一个多主体协商，实现共同管治目的的规划，这也意味着在实施模式和相关保障制度上面临挑战，需要创新。

生活圈规划要求多主体参与，而生活圈的特性也暗含了多主体合作的基础。事实上，通过规划构建合理有效的日常生活圈有利于发挥城乡管治中各主体的积极作用，化解我国目前城乡一体化建设中公共服务设施供给不足的问题，因此生活圈规划也是一个实现城乡多主体共同管治的规划（刘云刚等，2016）。

具体来说，在生活圈规划中根据居民行为特征划定生活圈体系，体系内不同的生活圈层对应着不同的公共服务资源的配给与需求。不同层次的生活圈构成了若干个多元合作的平台，由市场、社会和国家（政府）在不同圈层中分别依照现状资源情况以及居民的需求，订立公共资源配置联合协议。协议对外公开、定时修正，发布主体部门直接对居民负责，投资建设权力部分交由市场，社会力量也参与其中，共同实现治理模式的转变。

但是，实现多元主体协商制订并落实生活圈规划的目标仍任重道远。部分城市政府、学者和民间组织已经初步意识到了生活圈规划的重要性，但是体制机制与管理机构职能等方面显著滞后，容易出现多头管理从而演变为难以管理的局面。以政府为例，生活圈规划涉及不同的行政单元（居委会级、街道级、市区级）、不同的部门（除了目前针对物质空间规划所涉及的住建、自然资源等部门外，还有城管、工商、卫生等等），需要一个全新体制来有效协调各部门的诉求、消化居民差异性的需求。目前正在探索中的社区规划师制度、社区治理和社区规划实践也强调了多元主体参与、自下而上的实施路径（刘佳燕等，2016；王婷婷等，2010），生活圈规划可以吸收这些探索的经验，在此基础上更好的发展。

最后，应对目前生活圈规划所面临挑战的最好方式是将对生活圈和生活圈规划的现有研究及尝试经验真正落实到一座城市的规划实践中来。通过“选取一座城市、完成一次规划、确立一套流程、形成一份标准”，从根本上确定城市生活圈规划的地位与操作经验，便于未来在更多的城市中推广。

参考文献

·中文文献·

北京建设史书编辑委员会编辑部，1987. 建国以来的北京城市建设资料：第一卷　城市规划 [Z]. 北京：北京建设史书编辑委员会.

蔡玉梅，顾林生，李景玉，等，2008. 日本六次国土综合开发规划的演变及启示 [J]. 中国土地科学，22（6）：76-80.

柴彦威，史中华，等，2001. 地域轴的概念、形态过程及其政策意义 [J]. 城市规划（5）：24-28.

柴彦威，1996. 以单位为基础的中国城市内部生活空间结构：兰州市的实证研究 [J]. 地理研究（1）：30-38.

柴彦威，1998. 时间地理学的起源、主要概念及其应用 [J]. 地理科学，18（1）：65-72.

柴彦威，2005. 行为地理学研究的方法论问题 [J]. 地域研究与开发，24（2）：1-5.

柴彦威，等，2010a. 中国城市老年人的活动空间 [M]. 北京：科学出版社.

柴彦威，2014. 人本视角下新型城镇化的内涵解读与行动策略 [J]. 北京规划建设（6）：34-36.

柴彦威，2020. 时间、空间、人间共享共融的社区生活圈规划 [J]. 城市规划学刊（1）：7-8.

柴彦威，端木一博，2016a. 时间地理学视角下城市规划的时间问题 [J]. 城市建筑（16）：21-24.

柴彦威，李春江，2019a. 城市生活圈规划：从研究到实践 [J]. 城市规划，43（5）：9-16，60.

柴彦威，李春江，夏万渠，等，2019b. 城市社区生活圈划定模型：以北京市清河街道为例 [J]. 城市发展研究，26（9）：1-8，68.

柴彦威，刘大宝，塔娜，2013a. 基于个体行为的多尺度城市空间重构及规划应用研究框架 [J]. 地域研究与开发，32（4）：1-7，14.

柴彦威，马静，张文佳，2010b. 基于巡回的北京市居民出行时空间决策的社区分异 [J]. 地理研究，29（10）：1725-1734.

柴彦威，申悦，陈梓烽，2014. 基于时空间行为的人本导向的智慧城市规划与管理 [J]. 国际城市规划，29（6）：31-37，50.

柴彦威，沈洁，2006. 基于居民移动　活动行为的城市空间研究 [J]. 人文地理，21（5）：108-112，54.

柴彦威，沈洁，翁桂兰，2008a. 上海居民购物行为的时空间特征及其影响因素 [J]. 经济地理，28 (2)：221-227.
柴彦威，塔娜，2013b. 中国时空间行为研究进展 [J]. 地理科学进展，32 (9)：1362-1373.
柴彦威，谭一洺，申悦，等，2017. 空间—行为互动理论构建的基本思路 [J]. 地理研究，36 (10)：1959-1970.
柴彦威，肖作鹏，刘天宝，等，2016b. 中国城市的单位透视 [M]. 南京：东南大学出版社.
柴彦威，肖作鹏，张艳，2010c. 中国城市空间组织高碳化的形成、特征及调控路径 [C] //中国科学技术协会. 经济发展方式转变与自主创新：第十二届中国科学技术协会年会论文集. 福州：中国科学技术协会.
柴彦威，颜亚宁，冈本耕平，2008b. 西方行为地理学的研究历程及最新进展 [J]. 人文地理，23 (6)：1-6，59.
柴彦威，张雪，孙道胜，2015. 基于时空间行为的城市生活圈规划研究：以北京市为例 [J]. 城市规划学刊 (3)：61-69.
柴彦威，张艳，2010d. 应对全球气候变化，重新审视中国城市单位社区 [J]. 国际城市规划，25 (1)：20-23，46.
常芳，王兴中，王锴，等，2013. 对新城市主义社区空间规划价值理念的审视 [J]. 现代城市研究，28 (12)：16-21.
陈锋，2004. 转型时期的城市规划与城市规划的转型 [J]. 城市规划，28 (8)：9-19.
陈丽瑛，1989. 生活圈，都会区与都市体系 [J]. 经济前瞻 (16)：127-128.
陈民，王宁，段国宾，等，2014. 基于决策树理论的土地利用分类 [J]. 测绘与空间地理信息，37 (1)：69-72.
陈青慧，徐培玮，1987. 城市生活居住环境质量评价方法初探 [J]. 城市规划 (5)：52-58.
陈彦光，2011. 地理数学方法：基础和应用 [M]. 北京：科学出版社.
陈振华，2014. 从生产空间到生活空间：城市职能转变与空间规划策略思考 [J]. 城市规划，38 (4)：28-33.
陈正昌，程炳林，陈新丰，等，2005. 多变量分析方法：统计软件应用 [M]. 北京：中国税务出版社.
陈梓烽，柴彦威，2014a. 通勤时空弹性对居民通勤出发时间决策的影响：以北京上地—清河地区为例 [J]. 城市发展研究，21 (12)：65-76.
陈梓烽，柴彦威，2014b. 城市居民非工作活动的家内外时间分配及影响因素：以北京上地—清河地区为例 [J]. 地理学报，69 (10)：1547-1556.
程蓉，2018. 以提品质促实施为导向的上海 15 分钟社区生活圈的规划和实践 [J]. 上海城市规划 (2)：84-88.
大卫・沃尔特斯，琳达・路易丝・布朗，2006. 设计先行：基于设计的社区规划［M］. 张倩，邢晓春，潘春燕，译. 北京：中国建筑工业出版社.
冯健，刘玉，2007. 转型期中国城市内部空间重构：特征、模式与机制［J］. 地理科学进展，26（4）：93-106.
冯健，周一星，2003. 中国城市内部空间结构研究进展与展望［J］. 地理科学进展，22（3）：304-315.
高鹏，2001. 社区建设对城市规划的启示：关于住宅区规划建设的几个问题［J］. 城市规划，1（2）：40-45.
高晓路，颜秉秋，季珏，2012. 北京城市居民的养老模式选择及其合理性分析［J］. 地理科学进展，31（10）：1274-1281.
关美宝，谷志莲，塔娜，等，2013. 定性 GIS 在时空间行为研究中的应用［J］. 地理科学进展，32（9）：1316-1331.
桂晶晶，柴彦威，2014. 家庭生命周期视角下的大都市郊区居民日常休闲特征：以北京市上地—清河地区为例［J］. 地域研究与开发，33（2）：30-35.
和泉润，王郁，2004. 日本区域开发政策的变迁［J］. 国外城市规划，19（3）：5-13.
胡雷芳，2007. 五种常用系统聚类分析方法及其比较［J］. 统计科学与实践（4）：11-13.
胡仁禄，1995. 美国老年社区规划及启示［J］. 城市规划（3）：39-42.
胡伟，2001. 城市规划与社区规划之辨析［J］. 城市规划汇刊（1）：60-63.
华揽洪，2006. 重建中国：城市规划三十年（1949—1979）［M］. 李颖，译. 北京：生活·读书·新知三联书店.
怀松垚，陈筝，刘颂，2018. 基于新数据、新技术的城市公共空间品质研究［J］. 城市建筑（6）：12-20.
黄树森，宋瑞，陶媛，2008. 大城市居民出行方式选择行为及影响因素研究：以北京市为例［J］. 交通标准化，36（9）：124-128.
黄潇婷，柴彦威，赵莹，等，2010. 手机移动数据作为新数据源在旅游者研究中的应用探析［J］. 旅游学刊，25（8）：39-45.
黄怡，朱晓宇，2018. 城市老年人的日常活动特征及其感知评价的影响因素：以上海中心城社区为例［J］. 上海城市规划（6）：87-96.
季珏，高晓路，2012. 基于居民日常出行的生活空间单元的划分［J］. 地理科学进展，31（2）：248-254.
姜雷，陈敬良，2011. 作为行动过程的社区规划：目标与方法［J］. 城市发展研究，18（6）：13-17.
卡萨·埃列格路（Kajsa Ellegård），张艳，蒋晨，等，2016. 复杂情境中的日常活动可视化与应用研究［J］. 人文地理，31（5）：39-46.
柯文前，俞肇元，陈伟，等，2015. 人类时空间行为数据观测体系架构及其关键问题［J］. 地理研究，34（2）：373-383.

雷钦礼，2002. 经济管理多元统计分析［M］. 北京：中国统计出版社.
李道增，1999. 环境行为学概论［M］. 北京：清华大学出版社.
李东，1999. 走向生态与社区的融合：二十一世纪住区规划思想展望［J］. 规划师，15（3）：71-74.
李东泉，2014. 中国社区规划实践述评：以中国期刊网检索论文为研究对象［J］. 现代城市，9（3）：10-13.
李萌，2017. 基于居民行为需求特征的“15 分钟社区生活圈”规划对策研究［J］. 城市规划学刊（1）：111-118.
李子木，侯建伟，刘香，等，2006. 城市安全社区规划［J］. 城市与减灾（1）：2-5.
林子瑜，1984. 地方生活圈规划与实施问题之探讨［J］. 都市与计划（11）：175-187.
刘碧寒，沈凡卜，2011. 北京都市区就业—居住空间结构及特征研究［J］. 人文地理，26（4）：40-47.
刘春禹，罗霞，2018. 出行方式选择：机器学习方法与多项 Logit 模型比较研究［J］. 综合运输，40（8）：57-63.
刘海涛，王伟，李一双，2016. 新型城镇化中的公共服务设施：内涵界定与清单梳理［J］. 上海城市规划（4）：84-90.
刘佳燕，邓翔宇，2016. 基于社会—空间生产的社区规划：新清河实验探索［J］. 城市规划，40（11）：9-14.
刘念雄，1998. 北京城市大型商业设施边缘化的思考［J］. 北京规划建设（2）：39-41.
刘晓颖，2001. 北京大都市住宅郊区化的基本特征与对策［J］. 城市发展研究，8（5）：7-12，28.
刘艳丽，张金荃，张美亮，2014. 我国城市社区规划的编制模式和实施方式［J］. 规划师，30（1）：88-93.
刘瑛，2011. 三公里生活圈：新宜居时代来临［J］. 社区（22）：33-35.
刘瑜，肖昱，高松，等，2011. 基于位置感知设备的人类移动研究综述［J］. 地理与地理信息科学，27（4）：8-13，31.
刘云刚，侯璐璐，2016. 基于生活圈的城乡管治理论研究［J］. 上海城市规划（2）：1-7.
龙瀛，沈尧，2016. 大尺度城市设计的时间、空间与人（TSP）模型：突破尺度与粒度的折中［J］. 城市建筑（16）：33-37.
吕斌，1999. 可持续社区的规划理念与实践［J］. 国际城市规划（3）：2-5.
马静，柴彦威，刘志林，2011. 基于居民出行行为的北京市交通碳排放影响机理［J］. 地理学报，66（8）：1023-1032.
马艺文，孟成，潘琛玲，2018. 基于C 5. 0 决策树的征收房屋价值评估模型研究［J］. 地理空间信息，16（10）：32-34.

仇保兴，2003. 我国城镇化高速发展期面临的若干挑战［J］. 城市发展研究，10（6）：1-15.

仇保兴，2012. 新型城镇化：从概念到行动［J］. 行政管理改革（11）：11-18.

森川洋，1990. 日本中心地研究的动向和问题［J］. 赵荣，译. 人文地理（3）：59-65.

森川洋，2007. 日本城市体系的结构特征及其改良［J］. 柴彦威，译. 国际城市规划，22（1）：5-11.

单卓然，黄亚平，2013. "新型城镇化"概念内涵、目标内容、规划策略及认知误区解析［J］. 城市规划学刊（2）：16-22.

沈千帆，2011. 北京市社区公共服务研究［M］. 北京：北京大学出版社.

沈振江，林心怡，马妍，2018. 考察近年日本城市总体规划与生活圈概念的结合［J］. 城乡规划（6）：74-87.

史向前，1997. 北京市零售业"中心空洞化"趋势浅析［J］. 中国流通经济（2）：32-34.

宋道雷，2017. 城市治理的生产、消费和生活空间：产区、商区和社区的联动治理［J］. 上海城市规划（2）：34-38.

孙道胜，柴彦威，2017. 城市社区生活圈体系及公共服务设施空间优化：以北京市清河街道为例［J］. 城市发展研究，24（9）：7-14，25，封2.

孙道胜，柴彦威，张艳，2016. 社区生活圈的界定与测度：以北京清河地区为例［J］. 城市发展研究，23（9）：1-9.

孙德芳，沈山，武廷海，2012. 生活圈理论视角下的县域公共服务设施配置研究：以江苏省邳州市为例［J］. 规划师，28（8）：68-72.

孙峰华，1998. 社区发展的若干问题与社区地理学在社区发展研究中的作用［J］. 地理科学进展，17（3）：51-56.

孙峰华，2002. 社区地理学的历史·现状及未来［J］. 云南师范大学学报（自然科学版），22（1）：61-66.

孙峰华，王兴中，2002. 中国城市生活空间及社区可持续发展研究现状与趋势［J］. 地理科学进展，21（5）：491-499.

孙施文，邓永成，2001. 开展具有中国特色的社区规划：以上海市为例［J］. 城市规划汇刊（6）：16-18，51.

塔娜，2019. 时空行为与郊区生活方式［M］. 南京：东南大学出版社.

塔娜，柴彦威，2010. 时间地理学及其对人本导向社区规划的启示［J］. 国际城市规划，25（6）：36-39.

王丹，王士君，2007. 美国"新城市主义"与"精明增长"发展观解读［J］. 国际城市规划，22（2）：61-66.

王德，刘锴，耿慧志，2001. 沪宁杭地区城市一日交流圈的划分与研究［J］. 城市规划汇刊（5）：38-44.

王德，张昀，崔昆仑，2009. 基于SD法的城市感知研究：以浙江台州地区为例［J］. 地理研究，28（6）：1528-1536.
王开泳，2011. 城市生活空间研究述评［J］. 地理科学进展，30（6）：691-698.
王立，2010. 城市社区生活空间规划的控制性指标体系［J］. 现代城市研究，25（2）：45-54.
王立，王兴中，2011. 城市社区生活空间结构之解构及其质量重构［J］. 地理科学，31（1）：22-28.
王茂军，宋国庆，许洁，2009. 基于决策树法的北京城市居民通勤距离模式挖掘［J］. 地理研究，28（6）：1516-1527.
王婷婷，张京祥，2010. 略论基于国家—社会关系的中国社区规划师制度［J］. 上海城市规划（5）：4-9.
王夏，2012. 城市住区公共服务设施和谐发展研究［D］. 南京：东南大学.
王兴中，等，2000. 中国城市社会空间结构研究［M］. 北京：科学出版社.
王兴中，2002. 当代国外对城市生活空间评价与社区规划的研究［J］. 人文地理，17（6）：1-5.
王兴中，等，2009. 中国城市商娱场所微区位原理［M］. 北京：科学出版社.
王兴中，2011. 城市生活空间质量观下的城市规划理念［J］. 现代城市研究，26（8）：40-48.
巫昊燕，2009. 基于社区单元的城市空间分区体系［J］. 山西建筑，35（15）：19-20.
吴良镛，1997. "人居二"与人居环境科学［J］. 城市规划（3）：4-9.
吴秋晴，2015. 生活圈构建视角下特大城市社区动态规划探索［J］. 上海城市规划（4）：13-19.
吴晓林，2016. 从封闭小区到街区制的政策转型：形势研判与改革进路［J］. 江汉论坛（5）：40-45.
夏学銮，2001. 社区发展的理念探讨［J］. 北京行政学院学报（4）：50-54.
熊薇，徐逸伦，2010. 基于公共设施角度的城市人居环境研究：以南京市为例［J］. 现代城市研究，25（12）：35-42.
徐晓燕，2010. 兼顾自足性与区位性的城市社区日常生活设施布局研究［J］. 华中建筑，28（1）：69-71.
徐晓燕，2011. 城市社区配套设施微区位布局研究［J］. 规划师，27（12）：62-66.
徐晓燕，叶鹏，2010. 城市社区设施的自足性与区位性关系研究［J］. 城市问题（3）：62-66.
徐一大，吴明伟，2002. 从住区规划到社区规划［J］. 城市规划汇刊（4）：54-55，59.
徐永祥，2000. 社区发展论［M］. 上海：华东理工大学出版社.

许晓霞，柴彦威，2011. 城市女性休闲活动的影响因素及差异分析：基于休息日与工作日的对比 [J]. 城市发展研究，18 (12)：95-100.
许晓霞，柴彦威，颜亚宁，2010. 郊区巨型社区的活动空间：基于北京市的调查 [J]. 城市发展研究，17 (11)：41-49.
薛德升，曹丰林，2004. 中国社区规划研究初探 [J]. 规划师，20 (5)：90-92.
闫晴，李诚固，陈才，等，2018. 基于手机信令数据的长春市活动空间特征与社区分异研究 [J]. 人文地理，33 (6)：35-43.
严海，靳露宁，王鹏飞，2019. 小汽车通勤者主观幸福对出行方式选择的影响 [J]. 城市交通，17 (2)：119-126.
杨贵庆，2000. 未来十年上海大都市的住房问题和社区规划 [J]. 城市规划汇刊 (4)：63-68.
杨宁，邓庆坦，2008. 我国住区设计思想及空间形态的演变探析 [J]. 山西建筑，34 (1)：29-30.
于海漪，许方，李伟华，2013. 日本公众参与社区规划研究之四：社区培育系统的设计 [J]. 华中建筑，31 (3)：100-103.
于伟，王恩儒，宋金平，2012. 1984 年以来北京零售业空间发展趋势与特征 [J]. 地理学报，67 (8)：1098-1108.
于文波，2005. 城市社区规划理论与方法研究：探寻符合社会原则的社区空间 [D]. 杭州：浙江大学.
于燕燕，2003. 社区和社区建设（二）：城市社区的界定及类型 [J]. 人口与计划生育 (8)：45-46.
袁家冬，孙振杰，张娜，等，2005. 基于“日常生活圈”的我国城市地域系统的重建 [J]. 地理科学，25 (1)：17-22.
袁媛，柳叶，林静，2015. 国外社区规划近十五年研究进展：基于 Citespace 软件的可视化分析 [J]. 上海城市规划 (4)：26-33.
翟国方，等，2019. 日本国土空间规划及其启示 [J]. 土地科学动态 (3)：48-53.
张纯，2014. 城市社区形态与再生 [M]. 南京：东南大学出版社.
张纯，柴彦威，2009. 中国城市单位社区的残留现象及其影响因素 [J]. 国际城市规划，24 (5)：15-19.
张大维，陈伟东，李雪萍，等，2006. 城市社区公共服务设施规划标准与实施单元研究：以武汉市为例 [J]. 城市规划学刊 (3)：99-105.
张建，2005. 城市休闲研究的空间概念体系辨析 [J]. 桂林旅游高等专科学校学报，16 (6)：14-18.
张杰，2000. 社会形态与空间形态的结合：社区规划设计的灵魂 [J]. 规划师，16 (1)：22-23.
张杰，吕杰，2003. 从大尺度城市设计到“日常生活空间”[J]. 城市规划，27

(9)：40-45.
张京祥，吴缚龙，马润潮，2008. 体制转型与中国城市空间重构：建立一种空间演化的制度分析框架 [J]. 城市规划，32 (6)：55-60.
张侃侃，王兴中，2012. 可持续城市理念下新城市主义社区规划的价值观 [J]. 地理科学，32 (9)：1081-1086.
张文忠，刘旺，李业锦，2003. 北京城市内部居住空间分布与居民居住区位偏好 [J]. 地理研究，22 (6)：751-759.
张艳，2015. 城市空间行为与分异：以北京市为例 [M]. 北京：学苑出版社.
张艳，柴彦威，2013. 生活活动空间的郊区化研究 [J]. 地理科学进展，32 (12)：1723-1731.
张中华，张沛，王兴中，等，2009. 国外可持续性城市空间研究的进展 [J]. 城市规划学刊 (3)：99-107.
赵万良，顾军，1999. 上海市社区规划建设研究 [J]. 城市规划汇刊 (6)：1-13.
赵蔚，赵民，2002. 从居住区规划到社区规划 [J]. 城市规划汇刊 (6)：68-71.
赵莹，2016. 城市居民活动空间：基于时空行为视角的研究 [M]. 南京：东南大学出版社.
周飞，2010. 利用 Alpha Shapes 算法提取离散点轮廓线 [J]. 湖北广播电视大学学报，30 (2)：155-156.
周尚意，柴彦威，2006. 城市日常生活中的地理学：评《中国城市生活空间结构研究》[J]. 经济地理，26 (5)：896.
朱一荣，2009. 韩国住区规划的发展及其启示 [J]. 国际城市规划，24 (5)：106-110.
庄少勤，2015. 上海城市更新的新探索 [J]. 上海城市规划 (5)：10-12.
邹兵，2000. "新城市主义"与美国社区设计的新动向 [J]. 国外城市规划，15 (2)：36-38.

·外文文献·

AITKEN S C，1991. Person-environment theories in contemporary perceptual and behavioural geography I：personality，attitudinal and spatial choice theories [J]. Progress in human geography，15 (2)：179-193.
ALSGER A，TAVASSOLI A，MESBAH M，et al，2018. Public transport trip purpose inference using smart card fare data [J]. Transportation research part C：emerging technologies，87：123-137.
BHAT C R，MISRA R，1999. Discretionary activity time allocation of individuals between in-home and out-of-home and between weekdays and

weekends [J]. Transportation, 26 (2): 193-229.

BORGERS A, TIMMERMANS H, 1987. Choice model specification, substitution and spatial structure effects: a simulation experiment [J]. Regional science and urban economics, 17 (1): 29-47.

BREIMAN L, 1996. Bagging predictors [J]. Machine learning, 24 (2): 123-140.

BREIMAN L, 2001. Random forests [J]. Machine learning, 45 (1): 5-32.

BREIMAN L, FRIEDMAN J H, OLSHEN R A, et al, 2017. Regression trees [M] // BREIMAN L. Classification and regression trees. London: Routledge: 216-265.

BUNCH D S, BRADLEY M, GOLOB T F, et al, 1993. Demand for clean-fuel vehicles in California: a discrete-choice stated preference pilot project [J]. Transportation research part A: policy and practice, 27 (3): 237-253.

CAO X Y, 2010. Exploring causal effects of neighborhood type on walking behavior using stratification on the propensity score [J]. Environment and planning A, 42 (2): 487-504.

CHASKIN R J, 1998. Neighborhood as a unit of planning and action: a heuristic approach [J]. Journal of planning literature, 13 (1): 11-30.

CHRISTALLER W, 1933. Die Zentralen Orte in Süddeutschland: eine ökonomisch-geographische untersuchung über die gesetzmässigkeit der verbreitung und entwicklung der siedlungen mit städtischen funktionen [M]. Yena: Fisher Verlag.

COULTON C J, KORBIN J, CHAN T, et al, 2001. Mapping residents' perceptions of neighborhood boundaries: a methodological note [J]. American journal of community psychology, 29 (2): 371-383.

CULLEN I, 1978. The treatment of time in the explanation of spatial behaviour [M] //CARLSTEIN T, PARKES D, THRIFT N. Timing space and spacing time, Vol. 2: human activity and time geography. London: Edward Arnold : 27-38.

FAN Y L, KHATTAK A J, 2008. Urban form, individual spatial footprints, and travel: examination of space-use behavior [J]. Transportation research record: journal of the transportation research board, 2082 (1): 98-106.

FREUND Y, SCHAPIRE R E, 1997. A decision-theoretic generalization of on-line learning and an application to boosting [J]. Journal of computer and system sciences, 55 (1): 119-139.

GOLLEDGE R G, 1978. Representing, interpreting, and using cognized environments [J]. Papers of the regional science association, 41 (1): 168-204.

HAGENAUER J, HELBICH M, 2017. A comparative study of machine learning classifiers for modeling travel mode choice [J]. Expert systems with applications, 78: 273-282.

HÄGERSTRAND T, 1970. What about people in regional science? [J]. Papers of the regional science , 24 (1): 7-24.

HÄGERSTRAND T, 1986. What about people in regional science? [M] // DE BOER E. Transport sociology. Amsterdam: Elsevier: 143-158.

HANDY S L, BOARNET M G, EWING R, et al, 2002. How the built environment affects physical activity: views from urban planning [J]. American journal of preventive medicine, 23 (2): 64-73.

JAKLE J A, BRUNN S D, ROSEMAN CC, 1985. Human spatial behavior : a social geography [M]. Long Grove: Waveland Press.

KAMRUZZAMAN M, HINE J, 2012. Analysis of rural activity spaces and transport disadvantage using a multi-method approach [J]. Transport policy, 19 (1): 105-120.

KAPTELININ V, NARDI B A, MACAULAY C, 1999. Methods & tools: the activity checklist: a tool for representing the "space" of context [J]. Interactions, 6 (4): 27-39.

KING L J, GOLLEDGE R G, 1978. Cities, space, and behavior : the elements of urban geography [M]. Englewood Cliff: Prentice-Hall.

KWAN M P, 1999. Gender and individual access to urban opportunities: a study using space-time measures [J]. The professional geographer, 51 (2): 210-227.

KWAN M P, 2004. Beyond difference: from canonical geography to hybrid geographies [J]. Annals of the association of American geographers, 94 (4): 756-763.

LENNTORP B, 1976. Paths in space-time environments: a time geographic study of movement possibilities of individuals [J]. Lund studies in geography B: human geography, 44: 1-150.

LENNTORP B, 1978. A time-geographic simulation model of individual activity programs [M] //CARLSTEIN T PARKES D, THRIFT N. Timing space and spacing time, Vol. 2: human activity and time geography. London: Edward Arnold: 162-180.

LENNTORP B, 1999. Time-geography: at the end of its beginning [J]. GeoJournal, 48 (3): 155-158.

LIU T B, CHAI Y W, 2015. Daily life circle reconstruction: a scheme for sustainable development in urban China [J]. Habitat International, 50: 250-260.

LLOYD R, GOLLEDGE R G, STIMSON R J, 1998. Spatial behavior: a geographic perspective [J]. Economic geography, 74 (1): 83.

LOEBACH J, GILLILAND J, 2016. Free range kids? Using GPS-derived activity spaces to examine children's neighborhood activity and mobility [J]. Environment and behavior, 48 (3): 421-453.

MA L J C, 2002. Urban transformation in China, 1949 - 2000: a review and research agenda [J]. Environment and planning A, 34 (9): 1545-1569.

MA L J C , WU F L, 2005. Restructuring the Chinese city: diverse processes and reconstituted spaces [M]. London: Routledge.

MILLER H, 2007. Place-based versus people-based geographic information science [J]. Geography compass, 1 (3): 503-535.

MUMFORD L, 1954. The neighborhood and the neighborhood unit [J]. Town planning review, 24 (4): 256-270.

NEWSOME T H, WALCOTT W A, SMITH P D, 1998. Urban activity spaces: illustrations and application of a conceptual model for integrating the time and space dimensions [J]. Transportation, 25 (4): 357-377.

OAKES J M, FORSYTH A, SCHMITZ K H, 2007. The effects of neighborhood density and street connectivity on walking behavior: the Twin Cities walking study [J]. Epidemiologic perspectives & innovations, 4: 16.

PERRY C A, 1929. A plan for New York and its environs [Z]. New York: New York Regional Planning Association.

PIRIE G H, 1976. Thoughts on revealed preference and spatial behaviour [J]. Environment and planning A, 8 (8): 947-955.

QUINLAN J R, 1986. Induction of decision trees [J]. Machine learning, 1 (1): 81-106.

RAINHAM D, MCDOWELL I, KREWSKI D, et al, 2010. Conceptualizing the healthscape: contributions of time geography, location technologies and spatial ecology to place and health research [J]. Social science & medicine (1982), 70 (5): 668-676.

REILLY M, LANDIS J, 2003. The influence of built-form and land use on mode choice evidence from the 1996 bay area travel survey [Z]. California: University of California Transportation Center Working Papers.

SCHÖNFELDER S, AXHAUSEN K W, 2003. Activity spaces: measures of social exclusion? [J]. Transport policy, 10 (4): 273-286.

SHERMAN J E, SPENCER J, PREISSER J S, et al, 2005. A suite of methods for representing activity space in a healthcare accessibility study [J]. International journal of health geographics, 4: 24.

STEIN C S, 1942. City patterns, past and future [M]. Juni: New Pencil Point.

TIMMERMANS H, 1991. Decision making processes, choice behavior, and environmental design: conceptual issues and problems of application [M] // GARLING T, EVANS G H. Environment cognition & action: an integrated approach. Oxford: Oxford University Press.

TRIBBY C P, MILLER H J, BROWN B B, et al, 2017. Analyzing walking route choice through built environments using random forests and discrete choice techniques [J]. Environment and planning B: planning and design, 44 (6): 1-23.

WANG F R, ROSS C L, 2018a. Machine learning travel mode choices: comparing the performance of an extreme gradient boosting model with a multinomial logit model [J]. Transportation research record: journal of the transportation research board, 2672 (47): 35-45.

WANG J, KWAN M P, 2018b. Hexagon-based adaptive crystal growth voronoi diagrams based on weighted planes for service area delimitation [J]. ISPRS international journal of geo-information, 7 (7): 257.

WANG J, KWAN M P, CHAI Y W, 2018c. An innovative context-based crystal-growth activity space method for environmental exposure assessment: a study using GIS and GPS trajectory data collected in Chicago [J]. International journal of environmental research and public health, 15 (4): 703.

WEBER J, 2003. Individual accessibility and distance from major employment centers: an examination using space-time measures [J]. Journal of geographical systems, 5 (1): 51-70.

YIN L, RAJA S, LI X, et al, 2013. Neighbourhood for playing: using GPS, GIS and accelerometry to delineate areas within which youth are physically active [J]. Urban studies, 50 (14): 2922-2939.

北村徳太郎, 1957. 新しい都邑の計画について [R]. [举办地不详]: 全国市長会:『現下都市計画の諸問題』: 201-215.

波多江健郎, 鈴木達己, 1961. 日常生活圏について : 大都市周辺に於ける住宅都市の研究・その1 [C]. 九州: 日本建築学会論文報告集.

徳田光弘, 友清貴和, 2006. 施設・サービス圏域から捉える市町村の類聚性 : 生活圏域と市町村合併の整合性から見た圏域設定手法に関する研究 その2 [C]. 横浜: 日本建築学会計画系論文集: 43-50.

多胡進，1968. 住宅地空間と生活圏・生活領域（居住施設計画の展開）（主集 43 年度広島大会「研究協議会」課題） [J]. 建築雑誌，83：672-674.
冈本耕平，2000. 都市空间の认知と行动 [M]. 東京：古今书院.
高橋伸夫，1987. 日本の生活空間にみられる時空間行動に関する一考察 [J]. 人文地理，39：295-318.
荒井良雄，1985. 圏域と生活行動の位相空間 [J]. 地域开发（10）：45-56.
鈴木栄太郎，1969. 都市社会学原理増補版 [M]. 東京：未來社.
七條牧生，2009. 21 世紀生活圏研究会について [R]. 東京：国土交通省.
森川洋，1990. 広域市町村圏と地域的都市システムの関係 [J]. 地理学評論，63（6）：356-377.
森川洋，2005. ドイツ市町村の地域改革と現状 [M]. 東京：古今書院.
杉浦芳夫，1996. 幾何学の帝国：わが国における中心地理論受容前夜 [J]. 地理学評論，69（11）：857-878.
石川栄耀，1941. 大東京地方計画方法論 [C] //人口問題研究会編. 人口問題資料第四十輯第三回人口問題全国協議会報告書. 東京：東京刀江書院：409-420.
石川栄耀，1944. 皇国都市の建設大都市疎散問題 [M]. 東京：常磐書房.
下河辺淳，本間義人，御厨貴，等，1994. 戦後国土計画への証言 [M]. 東京：日本経済評論社.
伊藤恵造，2016. スポーツによるコミュニティ形成と「生活圏」に関する社会学的考察 — 神戸市・垂水区団地スポーツ協会を事例として — [Z]. 秋田：秋田大学教育文化学部研究紀要：人文科学・社会科学自然科学：71.
中原洪二郎，2013. 斑鳩町における徒歩生活圏の再構築に関する調査研究 [Z]. 奈良：奈良大学紀要：259-270.

图片来源

图 1-1 源自：陈振华，2014. 从生产空间到生活空间：城市职能转变与空间规划策略思考［J］. 城市规划，38（4）：28-33.

图 1-2 源自：笔者绘制.

图 2-1 源自：杉浦芳夫，1996. 幾何学の帝国：わが国における中心地理論受容前夜［J］. 地理学評論，69（11）：857-878.

图 2-2 源自：笔者根据波多江健郎，鈴木達己，1961. 日常生活圏について：大都市周辺に於ける住宅都市の研究・その1［C］. 九州：日本建築学会論文報告集；陈丽瑛，1989. 生活圈，都会区与都市体系［J］. 经济前瞻（16）：127-128；陈民，王宁，段国宾，等，2014. 基于决策树理论的土地利用分类［J］. 测绘与空间地理信息，37（1）：69-72；柴彦威，1996. 以单位为基础的中国城市内部生活空间结构：兰州市的实证研究［J］. 地理研究（1）：30-38；王德，刘锴，耿慧志，2001. 沪宁杭地区城市一日交流圈的划分与研究［J］. 城市规划学刊（5）：38-44；孙德芳，沈山，武廷海，2012. 生活圈理论视角下的县域公共服务设施配置研究：以江苏省邳州市为例［J］. 规划师，28（8）：68-72 绘制.

图 2-3 源自：《上海市 15 分钟社区生活圈规划导则》.

图 2-4 源自：《北京城市总体规划（2016—2035 年）》.

图 2-5 源自：《济南 15 分钟社区生活圈规划导则》.

图 3-1 源自：柴彦威，刘天宝，塔娜，2013. 基于个体行为的多尺度城市空间重构及规划应用研究框架［J］. 地域研究与开发，32（4）：1-7，14.

图 3-2 源自：笔者绘制.

图 3-3 源自：笔者根据孙道胜，柴彦威，张艳，2016. 社区生活圈的界定与测度：以北京清河地区为例［J］. 城市发展研究，23（9）：1-9 绘制.

图 3-4 源自：笔者绘制.

图 3-5 源自：笔者根据孙道胜，柴彦威，张艳，2016. 社区生活圈的界定与测度：以北京清河地区为例［J］. 城市发展研究，23（9）：1-9 绘制.

图 3-6 源自：笔者绘制.

图 3-7 源自：笔者根据孙道胜，柴彦威，2017. 城市社区生活圈体系及公共服务设施空间优化：以北京市清河街道为例［J］. 城市发展研究，24（9）：7-14，25，封 2 绘制.

图 4-1 源自：笔者根据孙道胜，柴彦威，2017. 城市社区生活圈体系及公共服务设施空间优化：以北京市清河街道为例［J］. 城市发展研究，24（9）：7-14，25，封 2 绘制.

图 4-2 源自：笔者绘制.

图 4-3 源自：笔者根据孙道胜，柴彦威，2017. 城市社区生活圈体系及公共服务设施空间优化：以北京市清河街道为例 [J]. 城市发展研究，24 (9)：7-14，25，封 2 绘制.

图 4-4 源自：笔者根据 SCHÖNFELDER S，AXHAUSEN K W，2003. Activity spaces：measures of social exclusion? [J]. Transport policy，10 (4)：273-286；KAMRUZZAMAN M，HINE J，2012. Analysis of rural activity spaces and transport disadvantage using a multi-method approach [J]. Transport policy，19 (1)：105-120 绘制.

图 4-5 源自：LOEBACH J，GILLILAND J，2016. Free range kids? Using GPS-derived activity spaces to examine children's neighborhood activity and mobility [J]. Environment and behavior，48 (3)：421-453.

图 4-6 至图 4-11 源自：笔者根据孙道胜，柴彦威，2017. 城市社区生活圈体系及公共服务设施空间优化：以北京市清河街道为例 [J]. 城市发展研究，24 (9)：7-14，25，封 2 绘制.

图 4-12 源自：王少博，2015. 生活圈视角下泾阳县乡村社区基本公共服务设施配置研究 [D]. 西安：长安大学.

图 4-13 源自：笔者根据孙道胜，柴彦威，2017. 城市社区生活圈体系及公共服务设施空间优化：以北京市清河街道为例 [J]. 城市发展研究，24 (9)：7-14，25，封 2 绘制.

图 4-14 至图 4-16 源自：笔者绘制.

图 5-1、图 5-2 源自：笔者绘制.

图 5-3 源自：柴彦威，李春江，夏万渠，等，2019. 城市社区生活圈划定模型：以北京市清河街道为例 [J]. 城市发展研究，26 (9)：1-8，68.

图 5-4 至图 5-8 源自：笔者绘制.

图 6-1 源自：周飞，2010. 利用 Alpha Shapes 算法提取离散点轮廓线 [J]. 湖北广播电视大学学报，30 (2)：155-156.

图 6-2 至图 6-6 源自：笔者绘制.

图 7-1 至图 7-4 源自：笔者绘制.

图 8-1 源自：笔者绘制.

图 8-2 至图 8-11 源自：柴彦威，张雪，孙道胜，2015. 基于时空间行为的城市生活圈规划研究：以北京市为例 [J]. 城市规划学刊 (3)：61-69.

表格来源

表 1-1 源自：笔者根据孙道胜，柴彦威，张艳，2016. 社区生活圈的界定与测度：以北京清河地区为例 [J]. 城市发展研究，23（9）：1-9 绘制.

表 2-1 源自：和泉润，王郁，2004. 日本区域开发政策的变迁 [J]. 国外城市规划，19（3）：5-13.

表 2-2 源自：《城市居住区规划设计标准》(GB 50180—2018).

表 3-1 源自：柴彦威，李春江，2019a. 城市生活圈规划：从研究到实践 [J]. 城市规划，43（5）：9-16，60.

表 3-2 源自：笔者绘制.

表 4-1 至表 4-4 源自：笔者绘制.

表 4-5 源自：笔者根据孙道胜，柴彦威，2017. 城市社区生活圈体系及公共服务设施空间优化：以北京市清河街道为例 [J]. 城市发展研究，24（9）：7-14，25，封 2 绘制.

表 4-6 至表 4-8 源自：笔者绘制.

表 5-1、表 5-2 源自：笔者绘制.

表 6-1 至表 6-8 源自：笔者绘制.

表 7-1 至表 7-5 源自：笔者绘制.

表 7-6 源自：笔者根据孙道胜，柴彦威，2017. 城市社区生活圈体系及公共服务设施空间优化：以北京市清河街道为例 [J]. 城市发展研究，24（9）：7-14，25，封 2 绘制.

本书作者

孙道胜，男，1989 年生，山东莒县人。北京大学人文地理学博士，就职于北京市城市规划设计研究院规划信息中心，高级工程师。主要研究方向为面向规划应用的城市时空间行为研究、国土空间规划信息化、规划决策支持系统理论与应用等。曾获得地理信息科技进步奖（二等奖）、华夏建设科学技术奖（二等奖）、北京市城市规划设计研究院年度院优项目一等奖等，发表中外学术论文 10 余篇。

柴彦威，男，1964 年生，甘肃会宁人。日本广岛大学文学博士，北京大学城市与环境学院教授、博士生导师，智慧城市研究与规划中心主任，中国地理学会常务理事，住房和城乡建设部科学技术委员会社区建设专业委员会委员，北京市人民政府特邀人员。主要研究方向为城市社会地理学、行为地理学、时间地理学、智慧城市规划与管理，积极建设中国城市研究与规划的时空行为学派。发表中外学术论文 300 余篇，出版专著及译著 20 余部。曾获中国地理学会青年地理科技奖、教育部高等学校优秀青年教师教学与科研奖等。